江苏高校优势学科建设工程项目资助
中央高校基本科研业务费专项(项目批准号:2015XKZD07)资助
国家自然科学基金重点项目(项目批准号:41430317)资助

河北省煤矿区瓦斯赋存的构造逐级控制

王　猛　著

U0337595

中国矿业大学出版社

内 容 提 要

本书以"河北省煤矿区瓦斯赋存的构造控制"为研究对象,运用板块构造、构造地质学、瓦斯赋存的构造逐级控制、瓦斯(煤层气)地质等理论与方法,以构造演化为主线,解析动力学背景和区域岩浆活动,探讨河北省地质构造特征及其演化,以及对煤层瓦斯的生、储、盖的影响;针对河北省煤矿区主要受控于太行山断裂带和燕山断褶带两大构造带,重点剖析研究了该两大构造带的区域构造样式与构造演化历程,详细研究了区域构造控制下各煤矿区矿井瓦斯赋存及运移规律,并揭示了不同尺度构造对煤矿区瓦斯赋存的逐级控制作用。

本书是构造逐级控制理论在瓦斯地质领域的应用,可供从事瓦斯地质、构造地质和矿井地质等专业的科研和生产人员使用。

图书在版编目(CIP)数据

河北省煤矿区瓦斯赋存的构造逐级控制/王猛著.
徐州:中国矿业大学出版社,2017.10
ISBN 978-7-5646-2533-7

Ⅰ.①河… Ⅱ.①王… Ⅲ.①矿区-瓦斯赋存-构造控制-研究-河北省 Ⅳ.①TD712

中国版本图书馆 CIP 数据核字(2014)第 260330 号

书　　名 河北省煤矿区瓦斯赋存的构造逐级控制
著　　者 王　猛
责任编辑 杨　廷　李　敬
出版发行 中国矿业大学出版社有限责任公司
　　　　 (江苏省徐州市解放南路　邮编 221008)
营销热线 (0516)83885307　83884995
出版服务 (0516)83885767　83884920
网　　址 http://www.cumtp.com　E-mail:cumtpvip@cumtp.com
印　　刷 江苏淮阴新华印刷厂
开　　本 850×1168　1/32　印张 6.125　字数 165 千字
版次印次 2017 年 10 月第 1 版　2017 年 10 月第 1 次印刷
定　　价 25.00 元

(图书出现印装质量问题,本社负责调换)

前　　言

　　本书以"河北省煤矿区瓦斯赋存的构造控制"为研究对象,运用板块构造、构造地质学、瓦斯赋存的构造逐级控制、瓦斯(煤层气)地质等理论与方法,以构造演化为主线,解析动力学背景和区域岩浆活动,探讨河北省地质构造特征及其演化,以及对煤层瓦斯的生、储、盖的影响;针对河北省煤矿区主要受控于太行山断裂带和燕山断褶带两大构造带,论文重点解剖研究了该两大构造带的区域的构造样式与构造演化历程,详细研究了区域构造控制下各煤矿区矿井瓦斯赋存及运移规律,并揭示了不同尺度构造对煤矿区瓦斯赋存的逐级控制作用。

　　基于河北省构造格局及其演化的深入研究,揭示自石炭二叠纪煤层形成以来,研究区至少经历了海西—印支期、燕山早—中期、燕山晚期—喜马拉雅早期和喜马拉雅晚期—现今等四期构造应力场的更替,形成了复杂的褶皱、断裂及岩浆岩侵入等地质构造格局。

　　研究表明,自石炭—二叠纪煤系形成以来,研究区受到多期构造应力场的作用,其中对河北省各矿区构造具有重大影响的主要是燕山期和喜马拉雅期。受构造控制,河北省不同矿区的煤层经历了不同的埋藏历程,结合其瓦斯生成、赋存与逸散过程研究,发现其煤层瓦斯埋藏—逸散类型大致分为两种类型:W 型和 V 型,不同类型其瓦斯赋存存在明显的差异性。

　　对太行山断裂带构造背景及其演化特征解剖,结合区内主要煤矿区(邯郸矿区、邢台矿区、峰峰矿区)瓦斯赋存的构造控制研究,揭示了太行山构造带瓦斯赋存的构造控制特征。研究表明:在太行山断裂东南翼,大中型断裂的发育控制着瓦斯的分布特征,以鼓山—紫山背斜为界,在西翼大中型断裂较为发育,将井田切割成地堑、地垒和阶梯状断块,且部分通达上覆基岩不整合面,有利于瓦斯的释放,造成断层附近,特别是大断层附近,煤层瓦斯含量普遍降低,在NNE向大型断层附近形成一定范围的瓦斯排放带;在东侧发育总体走向NNE的单斜构造,有利于瓦斯的富集,因此在太行山东侧形成NNE向条带状高瓦斯带。

对燕山断褶带构造背景及其演化特征解剖,结合区内主要煤矿区(张家口矿区、兴隆矿区、开滦矿区)瓦斯赋存的构造控制研究,揭示了燕山断褶带瓦斯赋存的构造控制特征,尤其是逆冲推覆构造的控制作用。研究表明:中新生代的构造运动是燕山断褶带主要的造山作用期,瓦斯的分布主要受到褶皱和断层的共同控制,构造上以挤压、褶皱、逆冲推覆为主,在逆冲推覆构造形成及演化的过程中,形成了一系列的叠瓦式构造,煤层埋深相应增大,含煤密度变大,挤压作用使含煤地层的封闭性增强,加之区域性的岩浆作用使煤变质程度增大,瓦斯生成量大,导致推覆构造发育区瓦斯普遍较高,形成沿燕山断褶带的高瓦斯走廊,分布了一系列的高—突瓦斯矿井。

运用板块构造理论,研究构造对河北省煤矿区瓦斯赋存的逐级控制,认为华北板块构造控制河北省区域构造、煤层赋存及后期改造作用,区域构造控制各个煤田构造及煤层瓦斯赋存状况,矿区构造控制井田瓦斯地质规律,井田内断层及褶皱构造亦存在瓦斯赋存的分异性,对于单个矿井而言,各煤层瓦斯赋存存在着明显差异性,主要受断裂构造、水文条件、岩浆岩分布的控制。

作　者

2017 年 8 月

目　录

1　研究基础 ………………………………………………… 1

1.1　研究意义 ………………………………………… 1

1.2　研究现状 ………………………………………… 3

1.3　现存问题 ………………………………………… 15

1.4　研究方案 ………………………………………… 16

1.5　创新点 …………………………………………… 23

2　地质概况 …………………………………………………… 25

2.1　区域地层及主要含煤地层 ……………………… 25

2.2　地质构造 ………………………………………… 31

2.3　岩浆活动 ………………………………………… 44

2.4　水文地质 ………………………………………… 49

2.5　小结 ……………………………………………… 51

3　区域构造及其演化特征 ………………………………… 53

3.1　区域构造特征 …………………………………… 53

3.2　区域构造演化 …………………………………… 61

3.3　河北省地质构造演化 …………………………… 69

3.4　小结 ……………………………………………… 79

4　太行山断裂带瓦斯赋存的构造控制 …………………… 80

4.1　区域构造演化及其控制特征 …………………… 80

4.2 峰峰矿区瓦斯赋存的构造控制 ·················· 83

4.3 邯郸矿区瓦斯赋存的构造控制 ·················· 96

4.4 邢台矿区瓦斯赋存的构造控制 ·················· 101

4.5 小结 ·· 107

5 燕山断褶带瓦斯赋存的构造控制 ·················· 109

5.1 区域构造演化及其控制特征 ·················· 109

5.2 张家口矿区瓦斯赋存的构造控制 ·················· 113

5.3 兴隆矿区瓦斯赋存的构造控制 ·················· 119

5.4 开滦矿区瓦斯赋存的构造控制 ·················· 125

5.5 小结 ·· 142

6 河北省煤矿区瓦斯赋存的构造逐级控制 ·················· 144

6.1 构造逐级控制的理论基础——板块构造学 ··· 144

6.2 河北省瓦斯地质规律 ·················· 146

6.3 构造对煤矿区瓦斯赋存的控制作用 ·················· 147

6.4 小结 ·· 164

7 结论 ·· 165

参考文献 ·· 169

1 研究基础

1.1 研究意义

煤炭是我国能源的主体,在我国一次性能源消费结构中占 70％左右,并将在相当长一段时间里占据主导地位。我国是世界上主要的产煤国家,同时也是瓦斯突出灾害最严重的、分布最广的国家,瓦斯已成为影响我国煤矿安全生产的重要因素。

瓦斯是一种易燃易爆气体,无色、无味,是威胁煤矿安全生产和矿工生命的最大灾害源[1]。CH_4 是瓦斯的主体成分,主要来自于煤层,是威胁煤矿安全开采的主要因素,其次为 N_2 和 CO_2,其他成分的含量很少。存在于煤层或围岩中的瓦斯,当空气中瓦斯浓度达到 5％～16％时,遇明火可能引发瓦斯爆炸,严重威胁矿工的人身安全和安全生产[2]。

煤与瓦斯突出是煤矿生产过程中发生的一种复杂的动力现象,可在很短的时间内由煤体向巷道或采场突然抛出大量碎煤,喷出大量瓦斯,在煤体中形成特殊形状的空洞,并造成一定的动力效应,如推倒矿车、破坏支架等,喷出的粉煤可充填数百米巷道,瓦斯可逆流运行数千米,造成人员伤亡和矿井设施的破坏[3-5]。煤和瓦斯突出是威胁煤矿安全生产的严重的灾害,也是影响煤矿生产效率和经济效益的一个重要因素[6-8]。近年来,我国煤矿事故中,瓦斯事故比重超过 13％,死亡人数占 3 成以上[9],瓦斯事故严重危害煤矿生产安全,瓦斯治理已经成为制约我国煤矿可持续发展的重大技术难题。

此外,瓦斯亦是一种洁净、热效率高、污染低的优质能源,开发利用瓦斯对减少空气污染、保护大气环境及缓解能源压力有重要意义。瓦斯抽采理论与技术在部分矿区已经得到总结和发展,也取得了经济、社会双重效益,但瓦斯治理中仍需要进一步加强基础研究。

河北省煤炭资源丰富,煤种齐全,分布广泛,从南到北不同时代的煤层均有分布,是我国重要的煤炭产地之一。河北省国家统配煤矿区涉及 51 对生产矿井,其中煤与瓦斯突出矿井 7 对,高瓦斯矿井 12 对,低瓦斯矿井 32 对。煤与瓦斯突出矿井包括赵各庄矿、马家沟矿、陶二矿、薛村矿、大淑村矿、羊东矿和宣东二号煤矿;高瓦斯矿井包括唐山矿、小屯矿、牛儿庄矿、九龙矿、新三矿、黄沙矿、六合矿、陶一矿、临漳矿、亨健矿、汪庄矿和鑫发矿;其余为低瓦斯矿井。据资料记载,河北省发生瓦斯突出次数 68 次,其中最大瓦斯突出强度为峰峰矿区大淑村矿,突出煤 1 270 t,突出瓦斯 93 000 m^3。

瓦斯问题严重制约着煤矿的安全、高效生产,时刻威胁着矿工的生命和财产安全。随着矿井开采深度的增加,开采强度的增大,安全问题尤其是煤与瓦斯突出问题将愈来愈成为影响和制约该地区煤矿生产的重要因素。一直以来,无论是煤矿瓦斯地质研究[10-15],还是煤层气储层地质研究[16-19],构造一直都是影响其赋存特征的主要因素之一,且这种控制作用具有逐级性,即构造不仅控制着含煤盆地的演化,影响煤层气(瓦斯)的生成、运移,而且不同的构造样式对后期煤层气(瓦斯)的聚集和储存起着关键作用。同时,在构造作用下,煤层会发生流变,形成构造煤,导致微观结构发生变化,进而具有不同的储层物性特征[20-25]。生产实践表明,在煤矿开采过程中,在构造煤发育处,瓦斯地质特征明显异常,严重威胁正常的生产安全[26-29]。因此,无论是地质历史时期中含煤盆地的构造演化,还是后期的构造改造样式,都对煤层气(瓦斯)的分布规律有着决定性的控制作用。研究构造对瓦斯赋存的逐级控制,对于宏观和微观两方面深入认识煤层气(瓦斯)的生成—演化过程,探讨其后期的分布规律,进行煤层气开采和矿井瓦斯防治均具有重要的理论指导意义。

瓦斯地质图可高度概括煤矿瓦斯地质规律,增强瓦斯灾害防治的针对性,是瓦斯防治、决策的重要平台和治理瓦斯、预防事故的基础。早在 20 世纪 80 年代,焦作矿业学院杨力生等在煤炭部的支持下,开展了"编制全国煤矿瓦斯地质图"重大项目的研究工作,并于 1987 年完成了 500 余幅矿井瓦斯地质图、125 幅矿区瓦斯地质图、25 幅省区瓦斯地质图,1990 年完成了中国煤层瓦斯地质图。

由于上次编图时间久远,许多矿井的瓦斯地质条件发生了重大变化,严重制约了矿井瓦斯的防治工作,因此,国家能源局于 2009 年设立了国家重大项目——"全国煤矿瓦斯地质图编制",并由张子敏教授负责实施,本书研究内容隶属于该项目,以朱炎铭教授承担的河北省能源局项目——"河北省煤矿瓦斯的地质图编制"为依托,选取河北省煤矿区作为研究对象,以构造演化为主线,深入研究构造对河北省煤矿区瓦斯赋存的控制规律,揭示构造对煤矿区瓦斯赋存的逐级控制作用,以此为基础,对河北省煤矿区瓦斯赋存特征进行划分。研究成果对阐明河北煤矿区瓦斯赋存和开发技术条件,增强瓦斯灾害防治的针对性,促进煤矿安全生产、瓦斯(煤层气)开发和利用都具有重要的现实意义和一定的理论价值。

1.2 研 究 现 状

1.2.1 瓦斯赋存的地质控制因素研究现状

在长期煤矿生产实践中,人们逐渐认识到煤矿瓦斯的赋存和分布与地质因素有密切关系,于是,开始用地质观点研究瓦斯。瓦斯地质工作正是随着煤气田的发现和开发,以及长期煤矿生产实践的总结和分析而开展起来的。20世纪60年代,抚顺煤矿安全研究所就开始了瓦斯赋存地质条件的研究,指出瓦斯的赋存与地质构造有关。周世宁院士提出了影响煤层原始瓦斯含量的8项主要因素,其中最主要因素为地质因素[30]。20世纪70年代,焦作矿业学院和四川矿业学院先后成立瓦斯课题研究组,开展了大量的瓦斯地质调研工作,均取得了相应的成果。80年代,焦作矿业学院杨力生领导的瓦斯地质编图组开展首次"全国瓦斯地质图编制"工作。瓦斯区域论的提出标志着地质条件对瓦斯赋存控制理论的形成,阐述了瓦斯分布和突出分布的不均衡性、分区分带性与地质条件有关,并受地质因素制约[31]。张祖银对我国瓦斯地质规律的研究指出,煤层中高瓦斯含量是突出的地质基础,构造煤是突出的必要条件,压性和压扭性构造的发育是导致突出的重要因素,它有助于构造煤的形成和在地应力条件下有助于高压瓦斯的聚积[32]。20世纪90年代末至今,随着煤炭开采的深度和难度的增大,瓦斯的赋存和分布情况也越来越复杂,瓦斯灾害等矿难事故出现的频率越来越高。人们在研究瓦斯突出的机理和防治措施时,把较多注意力集中到了构造煤的研究上。

在国外,前苏联的 B. M. 吉马科夫[33]和 A. Э. 彼特罗祥[34]指出瓦斯的分布受地质因素控制,具有不均匀分布的规律,与构造复杂程度、煤变质程度、煤层围岩有关。K. 温特尔和 H. 杨纳斯[35]提出煤中的瓦斯含量取决于瓦斯压力。英国的戴维(P. David[36])提出在含煤地层中地质构造对瓦斯的赋存状态和分布情况的影响起主导作用,建议加强地质构造演化与瓦斯赋存规律的研究。克·姆·保侬等[37]以多孔介质双向流动的原理对瓦斯在煤层中的流动过程进行了数学模拟。英国的弗罗德萨姆(K. Frodsham)等[38]认为地质构造对煤层的影响是在构造挤压、剪切作用下,煤层结构破坏,形成发育广泛的构造煤,为瓦斯的富集提供载体。C. J. Bibler 等[39]学者在研究全球范围的瓦斯涌出现象时,指出矿区构造运动不仅影响煤层瓦斯的生成条件,而且影响瓦斯的保存条件。Huoyin Li 等[40]通过模拟实验证实了构造煤是瓦斯的富集体,并指出构造煤在地质构造附近广泛发育。

瓦斯的生成、运移、保存条件和赋存以及煤与瓦斯突出动力现象都是地质演化作用的结果,具有一定的地质规律[41]。瓦斯的生成则与瓦斯源层的厚度和煤的变质程度有关,瓦斯源层的厚度越大,煤的变质程度越高,在煤的形成过程中生成的瓦斯也就越多。瓦斯的储存与煤层的赋存状态、地质构造[42]等因素密切相关。瓦斯的封盖保持情况则取决于地层、岩性条件[43]。

目前,对于控制瓦斯赋存的地质因素的研究主要集中在地质构造[44,45]、水文地质特征[46-51]、煤层顶底板特征[52]、煤变质程度、岩浆岩[53]、煤物性特征[54-61]等因素。

(1)地质构造对瓦斯赋存的影响

无论是煤层气地质及开采研究[62-71],还是瓦斯防治研究[72],地质构造都是最重要的研究内容,其对瓦斯(煤层气)的赋存有决定性的作用[73-79]。

(2)水文地质特征对瓦斯赋存的影响

水文地质是影响瓦斯赋存的一个重要因素。瓦斯以吸附状态赋存于煤的孔隙中,地层压力通过煤中水分对瓦斯起封闭作用。水文地质对瓦斯保存影响可概括为以下 3 种作用:一是水力运移、逸散作用;二是水力封闭作用;三是水力封堵作用。其中第一种作用导致瓦斯散失,后两种作用则利于瓦斯保存[80-85]。

王红岩等[86]指出适当的水文地质条件可形成水压封闭,而交替的水动力还可以破坏煤层气的保存,不利于煤层气的富集。叶建平等[81]则提出水动力边界有两种:一是当煤层气从深部向浅部渗流时,地下水顺层由浅部向深部运动,形成的水力封堵边界;二是地下水由于受重力影响,在构造低部位形成足够的静水压力,使得煤层气不能够解吸,从而形成的水动力封闭边界。傅雪海、秦勇等[87,88]通过研究认为沁水盆地的水力封闭控气作用进一步体现为等势面洼地滞流、箕状缓流和扇状缓流 3 种类型,并在区域上具有明显的展布规律和煤层气富集效应。秦胜飞等[89]从地下水活动性的角度,强调了 CH_4 水溶性对煤层气聚散的控制作用,提出了"煤层气滞流水控气论"的学术观点。刘洪林等[90]对美国粉河盆地和我国准噶尔盆地进行了对比研究,认为水文地质条件是影响低煤阶煤层气富集的最为重要的因素之一,主要通过影响低煤阶二次生物气来影响煤层气富集程度。宋岩等[91]通过对水动力对煤层气聚集的控制作用、模拟实验含气量和 CH_4 碳同位素值的变化、水对煤层气藏的作用机理以及实例地质验证,指出煤系中流动的地下水对煤层气的含量和地球化学特征影响很大,在平面上和剖面上,水动力条件强的地区,煤层气的含量小,CH_4 碳同位素轻。

（3）岩浆侵入对瓦斯赋存的影响

岩浆侵入对煤层的煤级、煤质特征、显微组分、孔隙结构等方面有较大的影响[92-98]。但岩浆侵入煤层对瓦斯赋存影响的研究起步较晚。岩浆侵入煤层,煤层受到岩浆侵入体影响,使煤产生接触热变质作用,引起煤变质程度提高,伴随着大量瓦斯的生成,煤层的吸附能力增强,煤层瓦斯含量一般变大。同时岩浆侵入影响了煤层保存瓦斯的能力,也改变了煤层围岩特征,从而影响了瓦斯的逸散和运移的条件。这对现今煤层中的瓦斯赋存产生了重要的影响。

卢平等[99]分析永固煤矿 3 煤层瓦斯含量、瓦斯组分和煤的孔容特征的实验测定基础,认为煤的孔隙率受岩浆侵蚀影响较大,煤的孔隙率变大,中孔、大孔较发育,占总孔隙体积的 70% 以上,增加了透气性,煤中瓦斯含量小。乔康存等[100]分析研究了安林井田的岩浆侵入对煤层瓦斯赋存的影响,认为由于岩浆岩的热力作用和推挤作用,致使煤体结构发生了显著的物理和化学变化,煤体内大部分的吸附瓦斯被解吸成游离状态,煤层瓦斯压力骤然增大,同时由于岩浆岩的蚀变带裂隙增加,造成风化作用加强,逐渐形成裂隙通道再加上其后断层的切割破坏形成的裂隙通道,为高压状态下的游离瓦斯沿裂隙及断层通道快速逸散创造了充分的条件。刘洪林等[101]分析太原西山煤田燕山期构造热对煤层气富产影响,认为燕山期岩浆活动造成的地热场具有大地热流量高和瞬时性的特点,形成了大量岩浆诱发成因的煤层割理,提高了煤层的渗透率,利于煤层气富集。王晓鸣[102]借助实验室扫描电镜(SEM)分析含煤地层煤岩结构,研究了岩浆侵入机制,总结出了煌斑岩侵入对煤层、煤质及瓦斯赋存规律的影响。安鸿涛等[103]对岩浆侵入破坏区煤层瓦斯地质规律进行了研究,结果表明:岩浆侵入煤层与煤发生接触热变质作用,使生成的瓦斯量发生变化;使瓦斯的赋存状态发生变化,同时有可能导致瓦斯成分的改变;还会使其影响带的煤体结构遭到破坏,局部形成构造软煤分层,在岩浆岩体尖灭处及岩浆岩体与断层的组合部位是煤与瓦斯突出的有利地带。Li Wu 等[104]研究山东七五生建煤矿岩浆侵入对煤储层孔隙的影响,认为煤层受到岩浆区域变质作用和热变质作用,靠近岩浆岩体处煤层受到岩浆热烘烤作用,挥发分含量降低,产生的气孔较大,植物组织孔遭到破坏;受岩浆热烘烤作用所产生的沥青质体充填于孔隙中是岩浆岩附近区域孔隙性异常变小的主要原因。

(4) 其他地质因素对瓦斯赋存的影响

除以上论述的因素外,还有煤变质程度、围岩条件、煤层埋藏深度、煤田暴露程度等因素,也对瓦斯赋存和分布起一定的影响[105-109]。

在煤化作用过程中,瓦斯不断产生,一般情况下,煤化程度越高,生成的瓦斯量越多。即在其他因素恒定的条件下,煤的变质程度越高,煤层瓦斯含量越大。不同变质程度的煤,在区域分布上常呈带状分布,形成不同的变质带,这种变质分带在一定程度上控制着瓦斯的赋存和区域性分布。

煤层的围岩对瓦斯赋存的影响,取决于它的隔气性和透气性能。当煤层底板为岩性致密完整的岩石,如页岩、泥岩时,煤层中瓦斯容易被保存;顶板为多孔隙或者脆性发育的岩石(砂岩、砾岩)时,瓦斯容易逸散。

在瓦斯风氧化带以下,一般而言,煤层中的瓦斯压力随着埋藏深度的增加而增大。随着瓦斯压力增加,煤与岩石中游离瓦斯量所占的比例增大,同时,煤中的吸附瓦斯趋于饱和。在一定深度范围内,煤层瓦斯含量亦随埋藏深度的增大而增加;当煤层埋藏深度继续增大时,瓦斯含量增加的幅度将会减缓。暴露式煤田煤系出露于地表,煤层瓦斯易于沿煤层露头排放。而隐伏式煤田如果盖层厚度较大,透气性又差,则煤层瓦斯保存条件好;反之,若覆盖层透气性好,容易使煤层中的瓦斯缓慢逸散,煤层瓦斯含量一般不大。

1.2.2 构造对瓦斯赋存的逐级控制研究现状

瓦斯的赋存特征受多种地质因素共同控制[110,111],而构造则又是这些地质因素中最根本和最为重要的控制因素,因为它不仅控制着含煤盆地及含煤地层的形成和演化[112-114],而且控制着瓦斯生成、运移、聚集过程的每一环节[115-118]。

(1)构造演化对瓦斯生成、逸散的控制作用的影响

构造演化是控制瓦斯生成、运移和瓦斯赋存的重要因素[119]。对现今瓦斯的富集程度影响方面,认为现今的瓦斯(煤层气)富集程度是聚煤盆地回返抬升和后期演化对瓦斯保持和破坏综合叠加的结果[120-122]。构造运动影响到煤层的深层变质或岩浆热变质条件下的瓦斯生成条件,影响到隆起、风化、剥蚀作用条件下的瓦斯保存条件,影响到构造挤压、剪切作用下的煤层结构破坏而形成的

构造煤的发育等[123-125]。

张德民等[126]分析了含煤盆地基底性质及其所处大地构造位置对煤层气富集特征和开发前景的控制规律。崔崇海等[127]指出在一定条件下,构造演化和有机质热演化史控制着煤层气的生成、富集和保存特征,在其他控气地质因素相似的前提下,有效生气阶段和有效阶段生气率控制着煤层含气量的高低。洪峰等[128]分析了盖层对煤层气富集的影响:① 良好的盖层条件可以减缓煤层气的散失,同时可间接抑制煤层气的解吸;② 具有封盖性好的上覆盖层(顶板)和下伏隔层(底板)的煤层有利于煤层气的富集;③ 煤层埋藏太浅,盖层封盖条件变差,不利于成藏;④ 埋深适中,具有稳定分布、封盖性好顶底板的煤层有利成藏。宋岩等[129]提出构造作用是影响煤层气成藏的最为重要和直接的因素,现今煤层气藏的富集程度是聚煤盆地回返抬升和后期演化对煤层气保持和破坏的综合叠加结果。陈振宏等[130]通过研究分析认为:构造抬升对高煤阶煤储层物性影响明显,地层压力降低,割理、裂缝渗透率显著增强;高煤阶煤层强烈抬升会使渗透率增大,造成气体大量散失,对煤层气聚集不利;低煤阶煤层储集层物性受构造抬升影响较弱,由于构造抬升,压力降低,煤层气运移速率增大,对煤层气聚集有利。安鸿涛等[131]研究大兴井田构造演化对瓦斯赋存的影响表明:构造应力场多期演化使得大多数断层经历了多期活动,对应不同的力学性质,构造应力场的多期演化造成局部构造应力和瓦斯赋存的区域性分布特征。

(2) 不同地质构造类型对瓦斯赋存的影响

大量的瓦斯地质研究表明,瓦斯分布具有不均衡性,特别是局部富集现象是受地质条件的控制,瓦斯是地质历史的产物,是地质体的一部分。无论是区域性构造还是井田内中小构造,不同样式的构造组合对煤与瓦斯突出或瓦斯富集与保存都具有不同的控制作用[132-138]。一些煤层裂隙是中、小型构造伴生的产物,对于瓦斯

(煤层气)运移和富集也具有重要的影响[139,140]。

不同类型的地质构造对煤层气(瓦斯)的运移和聚集具有显著的控制作用。与煤层气有关的构造主要有向斜构造、背斜构造、褶皱—逆冲推覆构造和伸展构造,分别具有不同的控气特征[141]。中小型构造同样是瓦斯局部富集的重要条件,封闭型构造有利于瓦斯的封存,开放型构造有利于瓦斯的释放。

叶建平等[142]将与煤层气(瓦斯)有关的构造归纳为向斜构造、背斜构造、褶皱—逆冲推覆构造和伸展构造4个大类10种型式,进而结合断层的运动学特征总结出与其相应的14种构造样式。康继武[143]从对褶皱变形与煤层瓦斯聚集的关系,提出了褶皱控制煤层瓦斯的4种基本类型,从理论上解释了褶皱轴部具有聚集和逸散瓦斯双重性的原因。毕华等[144]通过对湘中涟源盆地煤层气形成条件的研究,探讨了褶皱作用及其伴生构造对煤层气富集、保存的影响,同时指出断裂构造是煤层的完整性和煤层气封闭的条件。桑树勋等[145]研究指出,褶皱类型对煤层气的封存与聚集起显著的控制作用,在褶皱构造中一般表现为向斜轴部煤层气含量高而背斜轴部煤层气含量低,并依据煤层气盖层的排驱压力、渗透率等值,盖层可分为屏蔽层、半屏蔽层和透气层,它们在不同的构造发育区,其封盖性能不同,由此划分出为9类不同的构造封盖层岩性组合类型。李广昌等[146]研究晋城煤矿新区发现,位于次级向斜上的煤层瓦斯含量相对较高,而位于次级背斜上的瓦斯含量相对偏低。王生全等[147]论述了韩城矿区总体构造控气框架及构造类型,分析了矿区的挤压与伸展构造边界,研究揭示了不同构造类型对煤体结构类型、煤层渗透性能及煤层 CH_4 含量大小的控制特点和机理。吴兵等[148]认为地质构造是影响煤层瓦斯含量的最主要因素之一,封闭型的地质构造有利于瓦斯的存储,而开放型的地质构造有利于瓦斯排放。开放型的断层,在断层附近煤层瓦斯含量较小。封闭型的断层,煤层瓦斯含量较高。背斜构造的轴部通常比相同的两翼瓦斯含量低;向斜构造由于轴部岩层受到挤压,瓦斯含量一般比两翼高。李贵忠等[149]认为向斜构造的两翼与轴部中和面以上表现为压应力,顶板与煤层断裂或裂隙不发育,阻止了煤层气向上逸散,有利于煤层气在此部位的富集。

无论是区域性构造还是井田内中、小型构造,不同样式的构造组合对煤与瓦斯突出或瓦斯富集与保存都具有不同的控制作用[150-154]。矿井构造组合特征决定了构造应力场和构造煤的分布规律,矿井构造通过控制构造软煤的分布进而控制突出区带分布[155];相同热演化条件下,构造煤煤化程度偏高,其形成过程中有大量瓦斯生成,造成煤层含气量高[156];构造作用还可使煤层增厚、结构破碎,有利于瓦斯聚集并易于突出[157]。

煤是一种对应力、应变非常敏感的特殊岩石,在不同的应力—应变环境和构造应力作用下,煤的物理结构、化学结构及其光学特征都将发生显著变化,从而形成具有不同结构特征、不同类型的构造煤[158]。对于煤(包括构造煤)的物理力学性质,同样可以应用岩石物理、岩石力学研究的方法进行研究[159-161]。煤岩的力学性质与煤的结构特征关系密切,突出煤结构上具有明显的显微煤岩特征:煤岩组分破碎,含有较多的微结构、微构造[162]。琚宜文等[163]从构造地质学角度,结合煤层气赋存和煤与瓦斯突出情况认为:构造煤是在一期或多期构造应力作用下,煤体原生结构、构造发生不同程度的脆裂、破碎或韧性变形或叠加破坏甚至达到内部化学成分和结构变化的一类煤,构造煤类型的划分综合体现了构造煤成因和力学性质,对煤与瓦斯突出研究具有积极意义。

姜波等[164]将 X-射线衍射、顺磁共振和核磁共振等技术应用于不同类型构造煤以及高温高压实验变形煤的化学结构研究,结果表明:构造煤化学结构演化与镜质组反射率的演化具有密切的内在联系,不同类型的构造煤由于物理和化学结构上的不同,导致瓦斯含量和透气性等瓦斯特性上的重大差异,糜棱煤特殊的物理和化学结构决定了其高含气量和低透气性的特征,是矿井瓦斯突出的危险地带。

(3)构造应力场对瓦斯赋存的影响

构造应力场是构造演化的表现,是控制瓦斯(煤层气)富集的极为重要的因素[165]。在高应力地区煤层含气量显著高于其他地区。在挤压应力作用下,在强变形带的中心及其附近,可以形成糜棱状构造煤,在较大范围内形成脆性变形系列的构造煤,是煤层气地面抽采的不利区和煤与瓦斯突出的高发区[166]。构造应力场对煤储层渗透性具有控制作用,影响到煤中裂隙的发育频度和开合程度,这是一个相互关联的时空系统,控制着煤储层的渗流性能[167]。

构造应力场对煤储层渗透性具有控制作用,影响到煤中裂隙的发育频度和开合程度,这是一个相互关联的时空系统,控制着煤储层的渗流性能[168]。此外,很多研究表明,构造形成的应力集中是煤与瓦斯突出的决定性因素[169-175],由此,通过对构造应力场的分析可以预测煤与瓦斯突出发生,并预测优质煤储层的空间分布乃至煤矿瓦斯分布情况[176-178]。

前人通过试验方法探讨了含瓦斯煤的有效应力作用规律,认为煤体有效应力增大会降低煤岩强度,加速煤岩变形[179-181]。井下观测表明,矿压显现加快了矿井瓦斯的涌出速度[182]。但室内的应力场作用下瓦斯渗流特性试验却显示,有效应力增加会导致煤岩裂隙闭合,从而使得瓦斯渗流速度降低[183]。以上研究成果,可能反映了地应力与矿井瓦斯涌出之间的非线性关系。

矿井构造通过控制构造软煤的分布进而控制突出区带分布[184];相同热演化条件下,构造煤煤化程度偏高,其形成过程中有瓦斯生成也相对较大,造成煤层含气量相对偏高[154];构造作用还可使煤层增厚、结构破碎,有利于瓦斯聚集并易于突出[185]。

现代地应力场对煤层气富集具有重要的控制作用,甚至有些学者认为其在确定煤层气的富集区的影响因素中具有决定作用[186-187],现代地应力场对煤层气(瓦斯)的运移可能具有"驱动"作用,这对于瓦斯富集机理的研究同样具有指导意义。正因为如此,在煤层气的增产改造过程中也要考虑地应力的因素[188]。

总的来说,瓦斯(煤层气)富集是多种地质因素综合作用的结果。如在煤与瓦斯突出中,煤层中高压瓦斯是突出的必要条件,煤体结构遭受破坏是突出的基础条件,而地应力或采矿应力集中是压瓦斯的前提条件,这在实际发生的煤与瓦斯突出事故调查中也都得到证实[189-191]。矿井地质构造的演化历史和组合形式,决定了构造应力场和构造煤的发育与分布规律,而构造应力场又控制着瓦斯的运移与聚集[192]。在煤与瓦斯突出的研究中,应当全面分析存在相互联系的各种影响因素,以构造为重点,并应当重视不同要素之间的耦合作用[193]。同时,对于地应力和构造煤等主要因素进行更深入的研究,特别是探讨主要因素之间的耦合作用对瓦斯富集乃至突出的影响,具有重要意义和研究价值。

1.2.3 河北省煤矿区瓦斯地质研究现状

河北省煤炭资源丰富,以石炭—二叠纪煤田为主,因其分布广、经历多期次构造运动[194-197],赋存的构造型式多样[198],以往对其构造研究无论是从含煤盆地的构造格局,还是后期的区域演化,再到矿井构造样式等都取得了较多的成果。截至 2006 年底,河北省先后提交各类煤田地质勘探报告 350 余件(累计探明煤炭储量 173 亿 t),在煤田地质勘探过程中,20 世纪 60 年代采用真空罐法、70 年代采用集气法、80 年代以后采用解吸法对煤层进行了瓦斯含量和瓦斯成分的实测工作。2010 年河北省煤田地质勘查院与中国矿业大学合作,基于河北省煤田地质勘探实测的煤层瓦斯含量、矿井瓦斯涌出量成果,结合重点评价区煤储层压汞孔径分布、扫描电镜显微裂隙观察、等温吸附等实验测试,对河北省煤层气资源及其开发潜力进行评价。李振生[199,200]分析了河北省含煤地层的分布特征和赋存规律,指出煤田的控煤构造北部以挤压推覆、向斜控煤为特色,南部则以伸展构造控煤为主。

针对河北省构造特征及煤矿区瓦斯地质特征,前人进行了深入分析研究。河北省煤矿区主要分布于太行山褶皱带和燕山南麓。张路锁等[201]研究太行山含煤区的构造特征,指出太行山东麓含煤区以中生代末期以来的伸展构造变形为主导,区内构造样式丰富,以 NE、NNE 向正断层组合为特征,其深部控煤构造样式主要为堑垒构造组合和单斜断块组合。姜波等[202]在分析区域构造演化的基础上,系统分析了冀东南隐伏区构造对煤层赋存的控制机理,认为太行山中、新生代以来的伸展隆升作用导致了研究区以正断层及其组合为主要特征的构造类型的发育。陈晓山等[203]在太行山区野外构造变形和构造岩显微变形构造观测的基础上,阐明太行山北部地区受燕山构造碰撞带的影响的强度明显高于南部地区。

太行山东麓的邯郸—峰峰矿区、邢台矿区的各煤矿有较长的开采历史,也是我国重要的煤炭生产基地。在长期的开采过程中,各煤矿都积累了丰富的地质勘查资料、水文地质资料、瓦斯资料等,同时,中国煤炭地质总局、中国矿业大学、中煤科工集团抚顺研究院和西安研究院、西安科技大学、河南理工大学等单位对本区的盆地构造、地层特征、聚煤规律、瓦斯地质等方面做了不少基础工作。杜振川[204]研究邯邢矿区内的 NNE 向构造特征及成因机制,同时,也研究了构造对该区含煤岩系沉积与赋存的控制作用。曹代勇等[205,206]采用共轭剪节理应力反演方法,恢复了邯郸—峰峰矿区晚古生代以来的 3 期古构造应力场,将煤田构造的演化划分为四大阶段,并指出受区域伸展滑脱作用影响,邯郸—峰峰矿区的先存断裂在新生代不同程度地重新活动,同时在基底构造的控制下,形成一些新生断裂。刘福胜等[207]对邯邢煤田岩浆侵入及对煤层煤质的影响进行深入分析,研究了岩浆岩的分布层位和规律,认为邯邢煤田 NNE 向与近 EW 向基底断裂带的构造复合部位控制了岩浆岩的活动,煤系中侵入体的分布受构造、围岩性质、厚度等因素的影响。李如刚等[208]研究峰峰矿区煤质分布规律,在平面上呈南北分异、东西分带的规律。

燕山南麓地区是河北省重要的石炭—二叠纪煤产地之一,区域构造及其演化控制着煤层及瓦斯赋存。韩桂平[209]对燕山南麓煤田构造特征进行研究,结果表明该区的构造形迹主要形成于燕山期,燕山早期的 NE 向褶皱控制了煤田的展布,燕山晚期的叠加作用使褶皱形态复杂化。陈洁等[210]对燕山南麓逆冲推覆构造形成及演化进行分析,研究了瓦斯赋存特征,并指出逆冲推覆构造发育区瓦斯普遍较高,形成沿燕山褶断带的高瓦斯走廊。闫庆磊等[211]系统分析了开平煤田地质构造展布规律和组合特征,选取 NW 向剖面作为平衡剖面,对煤田构造变形及其对煤层赋存影响进行了研究。王怀勐等[50]提出了开平向斜煤层气赋存的构造和水文两大控制因素,并结合实例分析了赵各庄井田的煤层气赋存特征。张路锁等[212]分析了河北东部兴隆煤田和邻区逆冲构造特征及其区域构造意义。陈尚斌等[213]对开平煤田唐山矿逆冲推覆构造进行分析,指出唐山矿推覆构造的走向与煤田内褶皱轴大致平行,以前展式扩展方式自 NW 向 SE 方向逆冲,燕山运动早—中期,库拉—太平洋板块与欧亚板块的相互强烈挤压作用是该推覆构造的主要动力来源。

1.3　现存问题

综观上述研究现状,尽管前人就河北省构造演化、构造控煤特征及瓦斯的构造控制等方面做过大量研究工作,也取得一些重要的成果,但对构造演化对瓦斯赋存的影响,特别是构造对区域瓦斯赋存差异性控制、不同构造尺度对煤矿瓦斯赋存的控制研究相对

较薄弱,作者总结大约存在如下问题,有待进一步探讨:

(1)前人对河北省煤矿区的构造特征、地壳演化等方面都做了大量的研究,但从不同尺度构造角度对该地区瓦斯赋存逐级控制的研究相对薄弱;更缺少对河北省煤矿区从构造演化的角度,深入研究其对瓦斯的生成与逸散控制作用。

(2)河北省煤矿区处于不同的构造单元上,经历了不同的构造演化历程,导致煤矿区的煤层瓦斯赋存的差异性,以往的研究工作大多集中在矿井瓦斯,少数涉及矿区瓦斯地质规律的研究,而对全省煤矿区瓦斯赋存规律的研究仍是空白。

(3)就本区岩浆侵入与地质构造关系的认识不够清楚,对因岩浆侵入导致的煤变质程度、煤体结构、顶底板结构与瓦斯赋存关系方面研究存在不足。

(4)在实践的生产过程中,矿方人员记录和测定了大量的瓦斯含量、瓦斯涌出量等瓦斯资料,但对这些现场资料从瓦斯地质控制理论的角度进行系统的研究相对较薄弱,对深部或未来采区瓦斯含量预测研究不成系统。

(5)对河北省煤矿区的未采区及深部瓦斯赋存特征的研究尚未清楚,需要依据已有的生产矿井的瓦斯赋存特征、瓦斯地质规律的资料,构建地质模型,进行有效的预测。

1.4 研究方案

基于前人的研究,运用板块构造理论、构造地质学理论、瓦斯赋存的构造逐级控制理论、瓦斯(煤层气)地质理论等理论方法,以"河北省煤矿区瓦斯赋存的构造逐级控制"为研究对象,以构造演化为主线,解析动力学背景和区域岩浆活动,探讨河北省地质构造特征及其演化,以及对瓦斯的生、储、盖的影响;结合区域地质背景和矿区构造特征,揭示不同尺度构造演化对河北省煤矿区瓦斯赋存的逐级控制机理,综合研究矿区瓦斯赋存的控制因素,阐明河北省煤矿区的瓦斯地质规律;基于各矿井的大量实测瓦斯涌出量、瓦斯含量、瓦斯压力等参数,总结各矿区瓦斯地质规律及其主要控制因素,并划分瓦斯富集区,为矿区矿井规划、通风设计、瓦斯抽采利用和煤与瓦斯突出危险性预测提供理论指导。

1.4.1 研究内容

(1)河北省煤矿区的区域地质背景研究。作为区域构造格局的重要组成部分,含煤盆地中煤系及瓦斯的赋存状况与区域地质背景和深部构造之间有着密切的相关联系。河北省受太行山构造带和燕山构造带的综合影响,构造背景复杂,对煤系及瓦斯赋存具有重要的控制作用。通过广泛收集和综合分析区域地质、地球物理、遥感资料,以及有重点地进行区域野外地质调查,从中国北方板块尺度和盆—山耦合角度,研究区域构造格局、古地理特征、地球物理场及深部构造。

(2)区域构造演化分析。运用地质构造演化理论与瓦斯赋存构造逐级控制理论,系统地总结前人对河北省大地构造背景、区域构造特征及其演化特征的研究成果,结合各煤矿区勘探和生产期间可靠的地质资料,研究河北省构造演化特征,探讨煤系沉积时和沉积后的构造运动,作为瓦斯逐级控制理论的第一阶段,从不同期次构造演化的角度分析其对瓦斯生成、运移和保存的控制。

(3)重点区域构造对瓦斯赋存的控制作用研究。河北省煤矿区主要集中在太行山东麓和燕山南麓地区,从区域构造特征、构造演化对瓦斯赋存的影响进行研究,并总结重点区域瓦斯地质规律。

(4)矿区及矿井瓦斯赋存的控制作用研究。基于前面地质演化对瓦斯的控制作用研究,从矿的尺度研究矿区内主体构造对瓦斯赋存的控制,揭示不同矿区不同构造尺度、不同样式对煤层瓦斯的控制作用,作为瓦斯逐级控制理论的第二阶段,深入探讨不同矿区不同构造样式对瓦斯赋存的控制作用的差异性。系统收集统计分析各矿区内矿井的煤岩基础材料、构造剖面、岩浆岩侵入等地质资料,遵循从宏观到微观、从整体到局部的思路,深入分析各矿井的不同构造发育特征,研究其对瓦斯赋存的控制作用,完善瓦斯逐级控制理论。

(5)瓦斯赋存规律研究。基于各矿区、各矿井瓦斯地质规律研究,系统分析不同尺度构造对煤矿瓦斯赋存的控制,揭示构造多尺度、多层次、多样式对煤层瓦斯的控制作用,研究瓦斯赋存的地质规律,阐明构造控制下区域瓦斯赋存规律;通过对瓦斯赋存的构造逐级控制理论的研究,探讨矿井未开拓区或深部煤层瓦斯含量与矿井瓦斯涌出量,以期为瓦斯抽采与利用以及预防煤与瓦斯突出提供可靠的理论依据。

1.4.2 研究流程与技术方法

围绕以上的研究内容和研究目标,整个研究工作拟分 5 个阶段循序渐进开展(图 1-1)。

(1)资料调研与初步分析。

广泛查阅收集国内外所有相关的研究文献,主要为国内外公开发表的专业研究文献及论文,收集瓦斯赋存构造控制及瓦斯含量预测等方面资料,分析研究历史、现状、发展趋势以及存在问题等。具体来说,主要包括以下内容:

① 河北省构造背景研究成果。

② 以往构造对瓦斯的控制作用研究成果。

③ 研究区含煤地层沉积时及沉积后的区域构造演化研究成果。

④ 研究区各矿井的构造特征研究成果。

⑤ 各矿井的瓦斯地质资料,包括瓦斯含量、瓦斯压力、瓦斯涌出量等;同时,整理以往的瓦斯突出事故的详细资料。

⑥ 各矿井煤层特征及岩浆岩的研究成果,如构造煤发育特征研究、岩浆岩发育区煤层特征研究等。

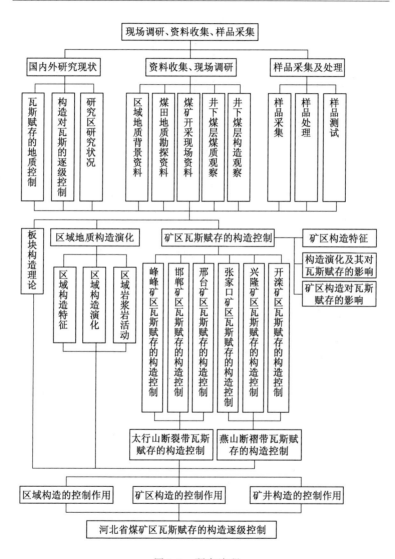

图 1-1 研究流程

（2）地质调研和样品采集。

开展现场地质调查，含煤地层典型剖面观测描述，区域构造剖面和典型背斜、向斜构造剖面测制，岩浆活动特征观测，断层、节理的观测、统计与描述。系统采集煤样。结合收集的相关煤田地质勘探资料以及与瓦斯相关的各种参数，进行分类整理；充分利用各矿井地质资料、瓦斯地质资料，从构造演化、构造特征、岩浆活动等方面，初步分析煤层瓦斯生成、逸散特征以及其控制因素的分析。具体来说，主要包括以下几个方面：

① 区域煤系经历的多期次构造演化调研。

目的：整理以往对河北地区的煤系沉积时和沉积后经历的构造运动的研究成果，结合野外调研及钻孔资料，分析含煤地层的沉积特征，探讨古构造运动对煤层沉积的控制和后期改造。

调研及采样：a. 对研究区内各矿区分别进行 3 次野外调研，认识各矿区煤系的沉积稳定性，探讨煤层的空间发育特征；b. 对于煤层沉积期间的地质事件进行调研，并采集相关的煤样、岩样、化石等。

② 各矿区及矿井构造特征调研。

目的：从矿区、矿井角度研究构造发育特征，认识不同构造样式的空间展布及组合特征。

调研及采样：对于构造发育复杂或特殊构造发育的矿井（区）进行实地调研，如逆冲推覆构造、不同性质构造样式组合特征等，对构造发育部位进行节理观察及统计。

③ 各矿井瓦斯特征调研。

目的：初步认识各矿井的瓦斯特征。

调研及采样：整理相关的瓦斯数据，包括瓦斯含量、压力、涌出量等，同时，对以往发生突出的原因进行调研，弄清构造对突出的影响。

④ 各矿区矿井煤层特征调研。

目的:弄清煤层的空间发育特征,研究煤层的变形破坏、煤厚的减薄(增厚)的原因。

调研及采样:对各矿井的煤层进行调研,在煤层特征异常处进行 3 处以上的井下观测;且不同煤层分别采集煤样及顶底板岩样,煤样岩样大小为 10 cm×10 cm;对于粉煤,采集质量在 1 kg 左右。

⑤ 各矿区矿井岩浆岩调研。

目的:研究岩浆岩的侵入特征,分析其对瓦斯的控制作用。

调研及采样:对于各矿井岩浆岩发育区,采集岩浆岩样,大小10 cm×10 cm;在井下观测岩浆岩发育特征以及岩浆岩周围煤层的变质特征,并采集周边的煤样,大小 10 cm×10 cm。

(3)样品处理、分析及测试。

按照实验设计方案和制样要求,进行样品制备,送样进行分析测试。主要进行以下测试工作:煤岩样的基础测试,分析测试包括煤岩镜质组反射率、煤岩显微组分,根据测试结果分析煤岩成熟度,为瓦斯生成阶段研究提供依据。根据煤样的等温吸附试验结果,分析煤样吸附性。具体来说,主要包括以下几个方面的内容:

① 煤样的观察和实验研究。

a. 煤的解理、裂隙观察和统计,研究煤层的宏观结构特征,分析其对瓦斯储存(逸散)的影响;

b. 煤的微观构造观察,如微观裂隙的延展程度、裂隙宽度和充填特征等;

c. 煤的镜质组反射率测定,研究煤变质程度及其物性特征,探讨在构造控制下,包括岩浆岩发育区,煤的变质程度、变形破坏等,分析煤的生气能力、孔隙性、吸附性等。

② 岩样的观察及实验研究。

a. 观察煤层顶底板岩样,研究其孔裂隙发育特征,探讨煤层顶底板对瓦斯的保存(逸散)作用;

b. 分析构造应力场特征,研究不同应力状态对煤层及顶底板岩石瓦斯储存(逸散)的影响。

(4) 瓦斯赋存的构造逐级控制研究。

结合样品实验数据及现场收集的各个矿井地质资料和瓦斯地质资料,进行瓦斯赋存的构造逐级控制研究,具体来说,主要包括以下几个方面:

① 河北省构造演化特征及对瓦斯赋存的控制研究。

a. 基于已有的地质资料及研究成果,研究河北省煤系沉积时的构造演化,分析不同区域构造对煤层沉积的控制;

b. 研究煤系形成之后的多期次构造运动,分析其对煤系保存的控制,探讨不同构造运动下煤层的埋藏—生气历史,以及地壳的抬升和沉降对煤层瓦斯的运移、聚集和保存的控制作用,探究河北省各煤矿区不同构造演化条件下煤层的埋藏—生气及后期瓦斯赋存的差异性;

c. 分析构造历史时期中岩浆岩侵入特征及对煤层的影响,即分析构造运动控制下,岩浆岩侵入的时代、位置、规模等,结合煤样实验研究,探讨岩浆岩对煤层的影响,包括煤的变质程度、煤的结构变化等,进而分析煤的生气能力以及后期的瓦斯保存特征。

② 矿区构造特征及对瓦斯赋存的控制作用研究。

基于前面地质演化对瓦斯的控制作用研究的基础上,从矿区的尺度研究矿区内主体构造对瓦斯赋存的控制,探讨不同矿区不同构造样式对瓦斯赋存的控制作用的差异性。具体来说,包含以下几个方面:

a. 分析各矿区主体构造发育特征,研究不同矿区不同构造控制下的瓦斯赋存的差异性;

b. 以主体构造的研究为基础,分析各矿区的构造组合样式,包括封闭型构造组合类型、半封闭型构造组合类型及开放型构造组合类型等,研究其对瓦斯赋存的控制作用。

③ 矿井构造特征及对瓦斯赋存的控制作用研究。

系统收集统计分析各矿井的煤田地质资料、以往的瓦斯地质资料等,结合煤样岩样实验研究,探讨矿井构造对瓦斯赋存的控制作用。具体来说包括以下几个方面:

a. 分析断层和褶皱的发育特征,研究不同性质、不同规模的断层(断层组)和褶皱对瓦斯赋存的控制的差异性;

b. 分析局部小构造(包括岩浆岩等)对瓦斯赋存的影响,研究不同矿井小构造控制瓦斯的差异性。

(5)瓦斯地质规律及分带。

通过以上研究,应用瓦斯地质学、构造地质学、煤田地质学的理论方法,结合瓦斯的构造逐级控制研究及相关的瓦斯地质资料,分析不同矿区矿井的瓦斯地质规律,进行瓦斯地质区划,研究瓦斯的平面及垂向分布特征,进行煤层瓦斯在空间上的分区、分带划分。

1.5 创 新 点

(1)首次系统分析了河北省煤矿区的瓦斯赋存特征,从整体角度出发,揭示河北省煤矿区构造特征、演化历程及其瓦斯地质规律。

(2)基于构造逐级控制理论,对影响河北省煤矿区瓦斯赋存的主要因素进行深入研究,揭示在地质构造演化控制下,瓦斯生成、运移、聚集和逸散的整个地质过程,并划分出"W"和"V"两种典型类型;系统地研究了不同尺度的构造对矿区、矿井瓦斯赋存的逐级控制作用,并建立河北省煤矿区瓦斯赋存的构造逐级控制模式。

(3)以太行山断裂带和燕山断褶带为重点研究区域,分析区域构造演化历程、瓦斯地质规律及构造对瓦斯赋存的控制作用,揭示太行山断裂带瓦斯赋存主要受断裂构造和岩浆作用控制,燕山断褶带瓦斯赋存主要受逆冲推覆构造控制,并对河北省煤矿区瓦斯赋存特征进行分带。

（4）解剖研究区内典型矿区,依据大量矿井瓦斯实测数据,研究瓦斯赋存控制因素,从区域构造到矿区构造再到井田构造,逐级分析,探讨开滦矿区瓦斯赋存的构造逐级控制,阐明了开滦矿区瓦斯地质规律。

2 地 质 概 况

2.1 区域地层及主要含煤地层

2.1.1 区域地层

河北省地层发育较齐全,是我国北方地层研究最早的地区之一。根据古生代及前古生代地层的发育情况、岩相古地理特征及地壳演化历史的差异性,可以康保—围场深断裂带为界分两个地层区。其北称内蒙—松花江地层区(简称内蒙地层区),以南为华北地层区。两区在中、新生代,差异已不明显。

华北地层区占总面积的 97% 左右。该地层区在太古代—早元古代变质岩系褶皱基底之上,不整合地覆盖着轻微变质的地台型海相中—上元古界,而后,沉积了稳定型的海相寒武系和奥陶系。自晚奥陶世起直至晚石炭世前,普遍沉积缺失。晚石炭世和二叠纪开始出现海陆交互相到陆相沉积[214],并形成了石炭—二叠纪煤系。晚二叠世,海水全部退出华北地区,结束了海侵历史,沉积了一套以红色为主的河湖相陆屑建造。中三叠以来,进入了构造强烈活动时期。侏罗纪—白垩纪,沉积中开始明显分化,该区内的河北平原区堆积了分异明显的巨厚陆相含煤建造、含油页岩建造、红色类磨拉石建造和火山岩建造。新生代以来,沉积分异更趋明显,华北省区沉积主要偏于平原区,尤以渤海湾地区为主要沉积中心,沉积了一套湖相偶含煤的沉积体系。

本区内的内蒙地层区所占面积甚少,地层出露零星。结合邻区资料,归纳其主要特点是:广泛分布着地槽型海相古生界,厚度较大,并夹有火山岩和火山碎屑岩;中生界(缺失三叠系)和新生界均为陆相沉积。但在本区内仅见有下二叠统海相三面井组和海陆交互相于家北沟组,其内均夹有大量安山岩和火山碎屑岩。

2.1.2 主要含煤地层

河北省煤炭资源丰富,煤种齐全,是我国煤炭产地的重要省区,区内分布有不同时代的煤层(图 2-1、图 2-2),主要为有石炭—二叠纪的本溪组、太原组及山西组;下侏罗统的下花园组;下白垩统青石砬组。

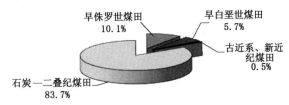

图 2-1 河北省煤炭资源按煤田类型分类示意图

2.1.2.1 石炭—二叠系

石炭—二叠纪含煤地层,因受古地理环境影响、同期地层的岩性、岩相及古生物群特征因地而异,太行山东麓、燕山南麓含煤地层小区为一套浅海相、过渡相及陆相的含煤地层,煤系沉积稳定,动植物化石丰富易于对比,是河北省最主要的含煤地层,也是瓦斯主要赋存地层(表 2-1)。

(1) 太行山东麓含煤地层

由北到南,分布有垒子、坟庄、灵山、井陉、元氏、隆尧、临城、邢台、邯郸、峰峰等煤田(矿区)或煤产地。

① 本溪组

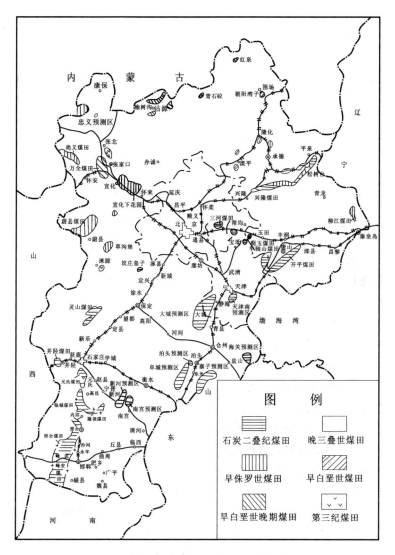

图 2-2　河北省煤炭资源分布图(据河北煤田地质局,2007)

表 2-1   石炭—二叠纪地层对比表

地 层		太行山东麓	燕山南麓
二叠系	上统	石千峰组	洼里组
	中统	上石盒子组	古冶组
		下石盒子组	唐家庄组
	下统	山西组	大苗庄组
		太原组	赵各庄组
石炭系	上统		开平组
		本溪组	唐山组
	下统	缺失	

本溪组上部为浅灰色夹紫红色鲕状泥岩,中部为泥岩、粉砂岩及薄层石灰岩,底部普遍发育一层紫红色褐铁矿,具体由粉砂岩、泥岩、薄煤层、铝土质泥岩及石灰岩组成,厚度为 10～70 m,与下伏地层呈平行不整合接触。由南向北有增厚的趋势,灰岩层数逐渐增多,沉积厚度变化大。

② 太原组

太原组分布广泛,厚度、岩性及岩相变化基本稳定,与本溪组为连续沉积,是河北省主要含煤地层之一,组厚 50～190 m,一般在 100 m 左右,分为上、下两段。

上段:山青灰岩之顶为上段下界,岩性由深灰、灰黑色细砂岩、粉砂岩夹石灰岩组成,地层厚度由北向南有变薄趋势,而煤层层数、厚度有增加趋势。

下段:底部以一层中粒砂岩与本溪组接触,并多相变为粉砂岩。山青灰岩为上界,由深灰色、灰黑色粉砂岩、中细砂岩和泥岩组成,并夹 2～6 层灰岩。下段地层厚度自南向北略有增厚趋势,而煤层总厚度变薄。

③ 山西组

山西组与太原组连续沉积,也是河北省主要的含煤地层。岩性以灰、灰黑色粉砂岩、泥岩和煤为主,其中最下面的 $2^\#$ 煤为主要可采煤层。

(2) 燕山南麓含煤地层

自东向西分布在柳江、开平、车轴山、蓟玉、三河等煤田。

① 唐山组

唐山组在燕山南麓广泛发育,平行不整合于中奥陶统之上。底部为不稳定的"山西式"铁矿层,其上为紫灰、深灰色鲕状铝土岩(G层铝土层),厚度为 58～90 m。岩性以灰、黑灰色粉砂岩、铝质泥岩为主,次为中细砂岩,夹三层石灰岩,自下而上称为 K_1、K_2、K_3(唐山灰岩),含不稳定煤层 1～3 层,均不可采。K_3 灰岩顶面与上覆开平组分界。唐山组厚度自西向东逐渐变厚,灰岩层数逐渐增多。

② 开平组

开平组与唐山组连续沉积,下界为 K_3 灰岩之顶面,上界为 K_6 灰岩(赵各庄灰岩)之顶面,厚度为 20～120 m。岩性以深灰色粉砂岩、泥岩为主,夹细砂岩和稳定的 3 层石灰岩,自下而上称之 K_4、K_5、K_6,含煤 2～5 层,自下而上编号分别为 17、16、15、14、13 号煤层,其中 K_5 灰岩为煤 14 顶板,K_6 灰岩为煤 13 顶板。14 号煤为主要可采煤层,15 号煤为局部可采,其余煤层不可采。本组岩性、岩相及沉积厚度除柳江煤田变化较大外,其他煤田差异很小。

③ 赵各庄组

赵各庄组底界为 K_6 灰岩顶面,顶界以 11 号煤层顶板深灰色泥岩之顶与上覆大苗庄组分界,组厚为 55～90 m。岩性为灰色粉砂岩、泥岩、中细砂岩,含煤 3～4 层,自下而上编号为 12 号煤(12下、12底、12顶)、11 号煤,其中 12 号煤为主要可采煤层。本组厚度由东向西有变薄的趋势,而含煤性逐渐变好。

④ 大苗庄组

大苗庄组为主要含煤地层之一,分布广泛,与下伏赵各庄组为连续沉积,其下界为 11 号煤层顶板泥岩之顶,上界到煤系顶部一层海相泥岩之上的中粒砂岩之底面。岩性复杂,由深灰、灰色粉砂岩、细砂岩、泥岩等组成,含煤 7～9 层,自下而上编号为 10、9、8、7、6、5、4、3 号煤,其中 9 号煤是主要可采煤层,8 号与 7 号煤为较稳定可采煤层,其余均不稳定,不可采。该组地层厚度由西向东有变薄的趋势,含煤性变好,但柳江煤田变化大,含煤性变差。

2.1.2.2 下侏罗统下花园组

下花园组是河北省的主要含煤地层之一,主要分布于华北北缘赋煤构造带内,如张家口地区的宣化—下花园煤田、蔚县煤田。此外,下花园组亦零星分布于河北平原的北部地区。具有沉积不稳定,构造复杂的特点,煤类以长焰煤、弱黏煤为主。下花园组属陆相山间盆地型含煤建造,整合或假整合于南大岭组地层之上,与上覆九龙山组呈假整合接触、沉积厚度、岩性、岩相各地区差异甚大,含煤情况变化亦较大。含煤 5 组,16 个煤分层(组),最多可达 44 层之多,其中可采及局部可采煤层 4 层,总厚 8.5 m左右。

2.1.2.3 下白垩统青石硐组

青石硐组主要分布于河北省北部,为区内的主要含煤地层之一。本组含煤地层发育最全的是万全煤田,由一套砂岩、砾岩、泥岩和煤层组成,厚度 100～300 m,含煤 1～6 层,可采煤层总厚 3.60～6.24 m。基底地层是侏罗系上统张家口组火山岩或太古界片麻岩,煤系上覆地层为洗马林组和土井子组。由于青石硐组聚煤作用强烈,导致在较小的聚煤范围内煤层厚度变化较大。

2.2 地质构造

河北省区域构造位置为华北古板块的东北部,南到临漳—魏县大断裂以南,北以固安—昌黎隐伏大断裂为界,西到太行山山前深断裂,东北段到海兴—宁津大断裂,东南段到沧州—大名深断裂,如图 2-3 所示。

2.2.1 构造分区性

2.2.1.1 燕山断褶带

位于河北省中部的燕山断褶带,北以尚义—平泉大断裂为界,南界西段为百花山向斜南翼和蔚县南山山前断层,东段为昌黎断裂和昌平—宁河断裂(图 2-4)。

本带是晚古生代晚期以来形成的不同层次褶皱、冲断和抬升的结果[215],是河北省重要的石炭—二叠纪煤产地之一。为板内构造最发育的地区,其深部构造十分特殊,岩石圈厚度较大(>150 km),大地热流值较高,其地壳整体呈北西厚,南东薄。印支期及以前以 EW 向的构造线方向为主,褶皱为主要构造类型,单个褶皱的规模较大。燕山期以 NE—NNE 向的构造线方向为主,构造规模悬殊较大。

(1)EW 向构造

EW 向构造是本带的主要构造之一,构造规模一般比较大,延伸远,形成时间较早,对后期的构造起限制作用。主要褶皱有迁安穹隆构造(冀东迁西—山海关一带)和遵化复背斜(遵化县);EW 向断层一般规模较大,主要有密云—喜峰口断裂带和柳河断裂带(兴隆县北部)等,常常以数条近平行的断层在一起组成断裂带,且常被 NE 近 SN 向断层错开;以压性结构面为主,在走向上常呈舒缓波状,反映了近南北向的构造挤压作用。

(2)NE 近 SN 向构造

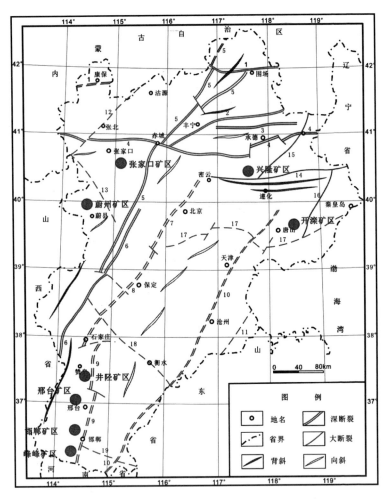

图 2-3 河北省构造简图(据河北省地矿局,1989 改)

1——康保—围场断裂;2——丰宁—隆化断裂;3——大庙—娘娘庙断裂;4——尚义—平泉断裂;

5——上黄旗—乌龙沟断裂;6——紫荆关—灵山断裂;7——怀柔—涞水断裂;8——保定—石家庄断裂;

9——太行山山前断裂;10——沧州—大名断裂;11——海兴—宁津断裂;12——张北—沽源断裂;

13——马市口—松枝口断裂;14——密云—喜峰口断裂;15——平坊—桑园断裂;

16——青龙—滦县断裂;17——固安—昌黎断裂;18——无极—衡水断裂;19——临漳—魏县断裂

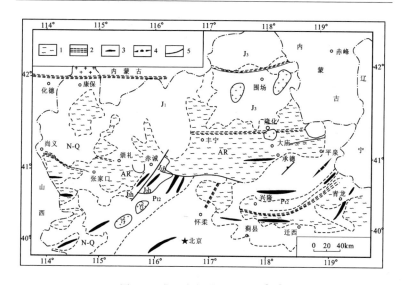

图 2-4　燕山断褶带构造略图[215]

1——片麻岩;2——韧性剪切带;3——背斜;4——向斜;5——断层

NE 近 SN 向构造与 EW 向构造一起共同构成本带的主要构造,它们的规模较大,分布广,本带从东到西都有本组构造,一般形成于印支期以后,断裂常切割早期的构造,褶皱常被早期的构造所限制。褶皱规模大小悬殊,一般在密云—喜峰口断裂以南的褶皱规模大,组成的地层时代老,常成组出现;在该断裂以南则规模较小,地层较新,褶皱常较平缓。断裂构造在该带最发育,走向以 NNE 为主,断层的规模大小不等,断层的性质既有张性也有压性,并常兼有扭性,它们常成组出现,走向上多为舒缓波状,常切断近 EW 向断裂,又常被北西向断层错开,并与前者组成网格状构造。它们还作为岩浆侵入的通道,活动时间为燕山期,喜马拉雅期多数继承性活动。

(3)NW 向构造

本组构造较前二组发育程度弱,尤其是褶皱,表现不突出,断裂在平面上延伸平直、规模一般不大,常错开前二组断层,性质为张性或张扭性,活动时期以燕山晚期至喜马拉雅期为主。主要的断裂有松枝口—马市口断层、宁河—昌平断层。

2.2.1.2 太行山断皱带

位于河北省西部,从北向南由涞源—井陉至涉县,北接燕山褶皱带,东以太行山山前断裂为界。以 NE 向的大、中型褶皱为主体,呈雁枝式分布排列,大量 NE 向和 NW 向断裂与褶皱相伴而生,太行山山前断裂和紫荆关断裂带的规模最大,它们对其两侧的构造、沉积及煤层赋存都具有明显的控制作用,尤其以太行山山前断裂的构造演化对研究区的构造发育及煤层赋存的控制作用更为显著[203]。

太行山山前断裂带是地球物理场和区域地质构造中一条重要的边界[214],一些研究者认为它属深大断裂带,也有认为它是一条活动断裂带和地震构造带。根据太行山山前断裂带及其邻区岩相古地理的资料,太行山山前断裂带在三叠纪时尚未形成。上侏罗统和下白垩统在现今太行山山前断裂带的一些地段发育,一般厚(残留)1 000~2 000 m,这指示作为太行山山前断裂带组成部分的保定—石家庄、邯郸和八宝山等断裂可能在侏罗纪就开始形成,并控制了后期断陷盆地的沉积。早白垩世末以 SE—NW 向挤压为主的燕山运动,使华北地区绝大多数断陷盆地封闭消亡(图2-5)。

在晚白垩世和新生代初,太行山山前断裂带与其他断裂基本趋于稳定,期间华北断块区整体抬升并遭受剥蚀。到古近纪,新生代裂陷作用以 NW—SE 向拉张为主,华北准平原的地壳强烈拉张断陷,而太行山地区则表现为强烈隆升,太行山山前断裂带的先存断裂重新开裂,呈正断层性质,同时形成一些新断裂,控制了一系列不同级次断陷盆地的发育,经强烈拉张、拆离滑脱,发展成为渤海湾裂陷盆地的西部边界[216]。

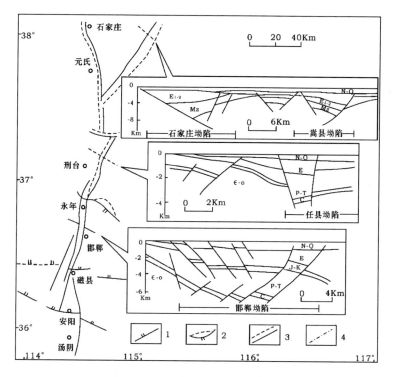

图 2-5 太行山山前断裂带南段构造剖面[216]

1——断裂;2——具有较大水平拉张断距的断裂;

3——太行山山前断裂带的断裂;4——剖面位置

2.2.1.3 冀北隆起带

冀北隆起带位于河北省北部,南以尚义—平泉断裂为界,北以康保—围场断裂为界,呈东西向展布。该区岩石圈厚度较大(>150 km),莫霍面和康拉德面变深,大地热流值较低。构造变形主要分早印支运动以前的和晚印支运动后的 2 个变形阶段。

早期的构造变形使得太古代地层产生一系列褶皱、断裂及变质作用,形成的构造线方向为 EW 向。早期的主要褶皱有周台子—燕窝铺背斜(承德市西北,轴向近 EW 向)、道河子复式背斜(平泉县西,轴向为近 EW 向)。早期的主要断裂有康保—围场大断裂、丰宁—隆化断裂、红石拉—大庙断裂带和尚义—平泉断裂带。

燕山运动在该区产生的 NE、NNE 向的构造形迹为后期构造变形。早期以张性断层为主,并构成断陷盆地的边界,进而控制着中生代的沉积;晚期以压性、压扭性断层为主,并将早期的东西向构造错断。主要断层有花吉营—塔镇断层、张北—沽源断裂、红旗—岗子正断层和赤城—西龙头断层。两组及以上的断裂交织形成众多的断块。总体构造变形由东向西逐渐减弱,褶皱形态开阔,两翼倾角平缓,规模不大,褶皱构造主要有苏家店向斜和山湾子背斜。沿北东向断层有大量中酸性岩浆侵入和火山喷发。

2.2.1.4 冀东南沉降带

位于河北省东南部,西以太行山山前断裂为界,北以昌平—宁河断层为界,形似纺锤状,构造格局具有南北分块、东西分带的特点。区内断裂构造十分发育,以 NNE、NWW 向两组为主,地表全被第四系覆盖。本区被中部 NWW 向的石家庄—衡水断层分为南、北两大块,断层以南为临清断陷,侏罗系、白垩系一般残留厚度为 3 000~4 000 m,最大残留厚度超过 6 000 m。断层以北除保定、徐水、武清地区外,其他大部分地区侏罗系、白垩系厚度不大,部分地区缺失。在北半部又被 NNE 向断层分割为条带,成为东西隆、坳相间的带状展布。自西向东为冀中断陷、沧县断隆、黄骅断陷和埕宁断隆。这种东西分带、南北分块的构造格局是现今平原区的主要构造特征。

2.2.2 主要断裂构造

河北省主要断裂构造带可以划分为 5 个方向(图 2-3),简述如下:

2.2.2.1 近 EW 向断裂带

河北省近 EW 向的断裂构造极其发育,特别是北部,不同级别构造单元的划分多数是以东西向断裂作为构造单元划分界线。

(1) 康保—围场断裂带

该断裂是华北板块北缘断裂带,大致沿北纬 42°线呈 EW 向延展,是华北板块与北部的内蒙古—兴安板块的重要地质构造分界线。该断裂可能形成于新太古代末期,长期活动,控制两个一级构造单元发展,沿断裂带发育大量古生代岩浆岩。断裂带西段,主断裂出露位置在康保附近,长约 40 km,走向 80°左右,断裂近直立,断裂带北侧为中、新生代地层,南侧为新太古界和元古界地质体;东段在承德围场附近长度超过 75 km,断裂带显示一向南突出的弧形。

(2) 尚义—平泉断裂带

西起尚义,向东经赤城、古北井、承德至平泉,全长约 450 km。断裂带向东西均延入邻省。省内呈 EW 向展布,中部呈略向南突出的弧形。该断裂以强烈糜棱岩化为特点的韧性变形十分明显,又具有脆性变形特征。断裂带显示多期活动特点,在其附近发育有大量逆冲推覆构造特征,表明断裂附近曾有大规模区域性水平运动。

(3) 丰宁—隆化断裂带

该断裂带西起赤城东,经丰宁凤山、隆化向东延伸出省外。断裂带呈东西向展布,具有明显的长期活动性。

(4) 大庙—娘娘庙断裂

该断裂西起凤山南,向东经红旗、大庙、岔沟至平泉的娘娘庙,全长约 150 km。与北部的丰宁—隆化断裂平行排列,相距 20 km。该断裂主要特征是控制了多个基性、超基性岩浆侵入体的分布。断裂深度可能较大,断裂有韧性变形的特点。

(5) 密布—喜峰口断裂

西起密云,向东经兴隆、喜峰口,再向东延入辽宁省。该断裂呈 EW 走向,断面陡倾,倾角 80°左右。该断裂具有长期活动性,断裂带附近发育多处明显的逆冲推覆构造,多显示由北向南逆冲。

2.2.2.2 NNE 向断裂带

NNE 向断裂构造是河北省主要构造形式之一,许多主要的岩浆岩带和重要的金属矿床均受 NNE 向构造带控制,太行山山前断裂带是太行山隆起和华北坳陷的天然界线;上黄旗—乌龙沟断裂是重要的控岩控矿断裂;河北省的西高东低和西隆东坳现代地形地貌亦受这一组构造控制。

(1)上黄旗—乌龙沟断裂

自涞源至马关、乌龙沟向北,经涿鹿、官厅、赤城、丰宁、上黄旗、围场御道口,向北延入内蒙古自治区,总体走向 NE25°,倾向 SE,倾角较陡,在河北省内长约 450 km。断裂带内发育糜棱岩、磨砺岩、构造角砾岩和断层泥等,表明断裂既具脆性变形又有韧性变形特征。该断层导控岩体,晚期又切割岩体,反映断裂的多期活动性。

(2)紫荆关—灵山断裂

该断裂北起涞水县岭南台,向南经白涧、紫荆关、灵山、井陉向南延入山西。断裂产状总体走向 NE20°~30°,倾角 55°~75°,倾向 SE。平面上与西邻的上黄旗—乌龙沟断裂平行排列。沿断裂面分布大面积火山岩和中酸性侵入岩。

(3)太行山山前断裂带

该断裂带北起怀柔城北,向南经海淀、房山、石家庄、邢台、邯郸,延伸至河南省安阳。断裂带全长大于 500 km,是一条控制中新生代坳陷的重要断裂。空间上该断裂同紫荆关—灵山断裂平行分布,平面相距 40~60 km,自北向南包括怀柔—涞水断裂、定兴—石家庄断裂、邢台—安阳断裂 3 条主干断层,其构造性质、空间形态、发展历史均有相似性,故称太行山山前断裂带。

（4）平坊—桑园断裂

断裂由内蒙古的嫩江—八里罕断裂延入河北省北部的平坊，向南经平泉、小寺沟、承德东、桑园一带，省内出露长度约140 km。断裂走向NNE,倾角较陡。

（5）青龙—滦县断裂

北起青龙栅栏杖子，向南经双山子、卢龙、滦县、滦南，隐入冀北平原。断裂总体走向北东25°左右，向北西陡倾，断裂破碎带发育，具有多起活动性质。

（6）沧州—大名隐伏断裂

是冀东平原一条重要隐伏断裂。断裂北起丰润南，南经天津市东、沧州、泊头、东光、临西、馆陶、大名，再向南延入河南省境内。断裂总体走向北东30°，倾向SE,倾角较陡，省内长约500 km。断裂两盘新生界发育程度差异明显，累计垂直断距达6 km,具有继承性活动特征。

（7）海兴—宁津隐伏断裂

该断裂位于冀东平原区东南翼，向北延入渤海湾，向南经海兴、孟村，再向南延入山东省境内。走向NNE,倾向NW,倾角陡。在空间上位于沧州—大名隐伏断裂东侧，二者近于平行，相距60 km,倾向相对，共同组成地垒构造。

2.2.2.3　NW—NNW向断裂

（1）马市口—松枝口断裂

断裂位于张家口西部，北起马市口，向南东经右所堡、化稍营至松枝口，长约130 km,向西延入山西，断裂走向NW30°，倾向NE,倾角陡。发育构造破碎带、擦痕等现象，具有多期活动性。

（2）无极—衡水隐伏断裂

断裂西起曲阳，向南东经无极故城，再向东南延入山东省境内，省内长约200 km。断裂总体走向50°，断面倾向北东，倾角40°～55°。

（3）临漳—魏县隐伏断裂

断裂西起磁县北，向东经临漳北、魏县南、大名南，再向东延入山东省境内，省内长约 90 km，断裂走向北西 70°左右，倾向北东。

2.2.2.4　NE 向断裂

（1）沽源—张北断裂

该断裂北起沽源的高山堡，向南经二台、张北至马市口，向北延入内蒙古自治区境内，向南延入山西省境内，河北省内长约 180 km 断裂对中生代火山岩和新生代玄武岩有控制作用。

（2）固安—昌黎断裂

该断裂南起唐海县北，经昌黎向北延入渤海，长度约 80 km。断裂走向北东 60°，倾向南东，倾角陡，大部分隐伏于第四系。

2.2.2.5　SN 向断裂

南北向断裂一般不发育，多表现为规模较小的张性断层，往往被岩脉充填，该类断裂多分布于燕山地区，对某些水系具有控制作用。

2.2.3　主要褶曲构造

2.2.3.1　主要煤田褶曲

（1）开平向斜

开平向斜为开平煤田的主体，总体轴向为 NE30°～60°，在古冶附近往北逐渐转为 EW 向，向斜轴向西南方向倾伏，长约 50 km，宽平均约 20 km，总面积约 950 km²。向斜轴线偏西，两翼不对称，北西翼地层倾角陡立，轴面向 NW 倾斜，以逆断层发育为主，构造复杂；南东翼较缓，构造较简单（图 2-6）。

（2）车轴山向斜

车轴山向斜为一狭长不对称向南西方向倾伏的大型含煤向斜，向斜轴走向约为 60°，向斜轴面向北西向倾斜。轴面与铅垂面夹角 20°，枢纽以 13°角向西南方向倾伏，向斜转折端在油坊庄北部，向斜两翼地层产状变化较大，东南翼地层平缓，倾角为 12°～

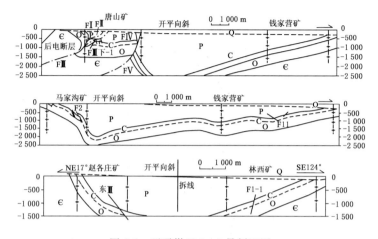

图 2-6 开平煤田 1～3 号剖面图

25°,一般为 20°;西北翼地层急陡,倾角为 65°～85°,一般为 70°。向斜延展长约 20 km,平均宽约 5 km,总面积约 95 km²,为东欢坨矿所在地(图 2-7)。

（3）鼓山—紫山背斜

鼓山—紫山背斜是峰峰矿区最大的褶皱,为峰峰矿区中部的太行山余脉鼓山隆起带为一复背斜构造,轴向 NNW。

（4）宣龙复向斜

宣龙复向斜位于台褶带的西北部,为宣下矿区主体构造,平面上被断裂围成倒三角形。区内的太古代基底大多沿边界断裂镶边分布,中部主要为中—上元古界及侏罗系。中—上元古界由下部陆屑建造及上部的碳酸盐岩建造组成,最大厚度不及东邻沉积中心地区的一半,且空间变化急剧,自东向西逐渐减薄,大部分层位沉积并尖灭于西界断裂的东侧。在构造型式上,该区整体为一复式向斜构造,形成于中侏罗世末,轴向 NEE—SWW 向。

2.2.3.2 主要隐伏褶曲

（1）永清—藁城复背斜

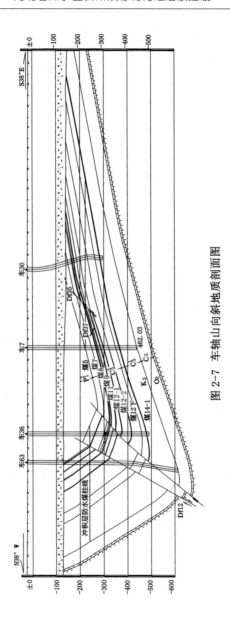

图 2-7　车轴山向斜地质剖面图

　　轴线在永清、安新、安国至藁城南,呈北北东向,长约 230 km。该复背斜东翼发育次一级的背、向斜,次级褶曲呈近南北向且交于主轴。复背斜由元古界、寒武—奥陶系和石炭—二叠系组成,核部为元古界,两翼依次分布寒武—奥陶系,石炭—二叠系仅在南、北倾伏端有保存,残留厚度小于 500 m,埋深 3～4 km。该背斜南北倾伏端还发育晚侏罗—早白垩世的中生代晚期盆地沉积,它们与下伏地层呈角度不整合接触,复背斜整体被古近系不整合覆盖,其轴部及两翼发育走向正断层,破坏了背斜的形态。

　　(2) 武清—阜城复向斜

　　轴部沿武清、大城西至阜城南,长约 260 km,轴向北部为NNE,南部转为近 NS 向,在大城南向斜轴被近东西向断层错开。该复向斜由寒武—奥陶系、石炭—二叠系、下中三叠统组成,核部为石炭—二叠系,但在大城往北依次为下中三叠统和下侏罗统,在北端武清一带还发育下白垩统,与下伏地层呈不整合接触。两翼为寒武—奥陶系,倾角平缓,局部受断层影响变陡。复向斜整体被新近系和第四系覆盖,其中,北端武清一带基岩之上还发育较厚的古近系,受南端衡水断裂北升南降的影响,复向斜南部抬升遭剥蚀,保留的石炭—二叠系宽度变窄,其中残留厚度平均在 600～800 m 之间,其煤系基底埋深 1 000 m 左右,文安往北由 2 000 m逐渐加深至 6 000 m。

　　(3) 天津—景县背斜

　　轴向 NNE,轴线北起天津北,经青县东、泊头市西至景县南,长约 200 km。该背斜较窄,由寒武系—奥陶系组成,局部受断层影响在核部发育其他地层。

　　(4) 塘沽—吴桥复向斜

　　轴向 NNE,轴线北起汉沽、黄骅、孟村西至吴桥东,长 230km。两翼发育对倾正断层,呈地堑形态。核部由石炭—二叠系组成,局部为下中三叠统。黄骅市以南、北大港以北还发育晚侏罗至早白垩世的沉积,它们与下伏地层呈不整合接触。复向斜整体被古近系、新近系和第四系不整合覆盖。其中古近系仅发育在断陷中。该复向斜中石炭—二叠系保存较全,由翼部至核部,残留厚度从不到 200 m 至大于 1 000 m。东翼埋深局部小于 1 500 m,最深大于 7 000 m,其中在黄骅市西北核部附近埋深仅 2 000～3 000 m,可能是次级隆起或断层造成。

（5）常庄—魏县复向斜

无极—衡水断裂以南至隆尧—清河之间,由于断裂破坏严重,褶皱形态已不明显,仅隆尧—清河以南发育常庄—魏县一个复向斜,轴向北北东,长约 100 km,由寒武—奥陶系、石炭—二叠系和下中三叠统组成。该复向斜东翼延伸出省,西翼发育次一级背斜,由寒武—奥陶系组成,主向斜核部还发育晚侏罗至早白垩世的地层,其整体被新生界不整合覆盖。复向斜中石炭—二叠系保存完整,其残留厚度 400～1 000 m,埋深西翼较浅,一般 2 000～3 000 m,局部 1 000 m 左右,核部 4 000～9 000 m。向斜南端被近东西向的临漳—魏县大断裂破坏。

除此之外还发育了周台子—燕窝铺背斜,位于承德市西北,轴向近 EW 向;道河子复式背斜,位于平泉县西,轴向为近 EW 向;遵化复背斜;周台子—燕窝铺背斜;道河子复式背斜;苏家店向斜;山湾子背斜;百花山向斜等。

2.3　岩浆活动

河北省岩浆岩活动相当强烈,类型繁多,其中以燕山褶皱带和太行山山前断裂带较发育(图 2-8、图 2-9)。在地史序列中,自古太古代基性岩浆侵入到第四纪玄武岩喷出活动,其间各个地质时代均有岩浆活动,大体可划分为 6 个岩浆活动期或旋回—太古宙、元古宙、早古生代加里东旋回、晚古生代华力西期旋回、中生代印支和燕山两大旋回以及新生代喜马拉雅旋回。在空间分布上,全省火山岩出露面积约 2.5 万 km²,以安山岩、流纹岩为主,侵入岩出露面积约 1.8 万 km²,以中酸性岩浆岩为主。岩浆岩产状多种多样,深—浅成侵入岩构成形态各异的岩床、岩盖、岩脉等。

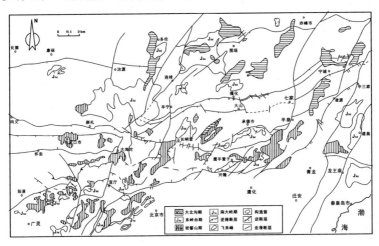

图 2-8　燕山造山带岩浆岩分布图[217]

岩浆活动强弱与构造活动有密切关系并受构造控制。晚古生代以来的岩浆活动对含煤岩系和煤层有一定破坏和影响,如邯郸矿区、柳江煤田等,对煤层与煤层瓦斯的赋存有着不同程度的影响[214]。

2.3.1　晚古生代岩浆岩

晚古生代岩浆岩活动属华力西期旋回,岩浆活动相当强烈。早二叠世,由于受华北板块与西伯利亚板块作用,在康保—围场深断裂以北有安山岩喷发,其后有大规模基性、超基性和中酸性岩浆侵入,分布广泛,形成东西向构造岩浆岩带。

晚古生代火山活动比较强烈,出露于冀北的火山岩,呈东西向

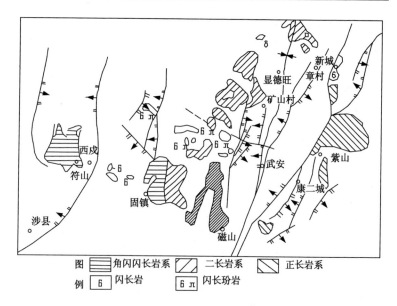

图 2-9 邯邢地区岩浆岩区域分布图(据峰峰矿区报告,2010)

展布,受康保—围场深断裂控制。岩石类型以安山岩及同成分火
山碎屑岩为主,有少量玄武岩、英安岩和粗安岩。在燕山南麓晚古
生代煤田中,上石炭统和下二叠统地层中发现有火山碎屑岩,如开
平煤田唐山矿的岳青区发现数层,总厚约 10 m,车轴山煤田东欢
坨井田有厚达 50~70 m 的火山碎屑岩,其岩石类型为凝灰岩、沉
凝灰岩、凝灰质砂岩等。此外,在太行山东麓的元氏煤田、邢台煤
田的太原组地层中也发现有沉凝灰岩。就河北省范围看,晚古生
代煤系中的火山碎屑岩具有从西北向东南厚度减薄而层数减少的
趋势,这也预示着西北地区相对靠近板块活动带,向南东活动带的
影响逐渐减少。

　　晚古生代侵入岩主要分布于北部,呈东西向展布。基性、超基
性岩类主要沿尚义—平泉深断裂、赤城—丰宁断裂侵入,受断裂控

制明显;花岗岩类主要分布于尚义—平泉深断裂和康保—围场深断裂之间的东西向带状区域。

2.3.2 中生代岩浆岩

中生代岩浆岩活动分为印支和燕山两大旋回,其中印支旋回的岩浆活动较弱而燕山旋回岩浆活动极频繁强烈、活动方式复杂,包括火山喷发、浅成岩浆侵入到中深成侵入活动,表现为多期次、多旋回的更替重叠,明显受构造控制。

中生代燕山旋回的火山活动是地史上最为强烈的时期,多期次的火山喷发形成大量玄武岩、安山岩、粗安岩、英安岩、流纹岩及相应成分的火山碎屑岩,其火山活动划分为 4 个旋回,各旋回的火山喷发均明显受断裂构造控制,而且随着时间推移具有由南东向北西方向迁移的特点。

中生代的侵入岩以燕山旋回岩浆侵入活动最为强烈,同时代的火山活动与侵入岩密切共生,早侏罗世侵入岩分布于尚义—赤城—平泉深断裂以南的宣化、兴隆、迁西、青龙到宽城一带,呈近东西向带状分布,岩石类型主要为黑云母花岗岩,其次为二长花岗岩、花岗闪长岩等;中侏罗世侵入岩分布广泛,尚义—平泉深断裂以南的燕山、太行山地区都有不同程度的发育,岩性分区明显,大致以井陉—石家庄一线为界,以北主要由中性、中酸性和偏碱性岩类组成,以南地区(邯郸地区)由超基性、基性、中性和偏碱性岩类组成;晚侏罗世侵入岩为燕山旋回岩浆侵入活动高峰期,分布广泛,岩石类型复杂,大致以石家庄—井陉一线为界,以北以中酸性岩类为主,以南以中性、中偏碱性和碱性岩为主;早白垩世侵入岩主要分布于尚义—赤城—平泉深断裂以北,涞源北的紫荆关深断裂和赤城—西龙头深断裂上也有少量分布,其表现多为浅层小侵入体,岩性与上述三期侵入岩相比偏碱性岩类明显增加,其侵入的最新层位是下白垩统滦平群,与早白垩世大北沟旋回火山岩属同一时代产物。

2.3.3 新生代岩浆岩

新生代,由于太平洋板块对欧亚板块向下俯冲,印度板块和欧亚板块的碰撞,使板内断裂再次活动,导致本区的火山喷发作用,从古近纪到第四纪岩浆活动一直很强烈,规模也较大,并以基性火山喷发为主。火山活动主要受断裂控制,岩浆沿断裂带上升并喷出地表,形成火山熔岩及火山碎屑岩。

古近纪火山岩主要隐伏于河北平原的冀中断陷和黄骅断陷及渤海湾地区,均为玄武岩类,据钻孔揭露为多次间歇性溢流,最大累计厚度可达 400 m,其分布受控于断裂构造,为沿断裂构造岩浆喷发的结果;新近纪是新生代火山活动的高峰期,河北平原与山区都有分布,北部受尚义—赤城—平泉深断裂控制;南部平原区受太行山山前断裂和石家庄—衡水断裂、沧州断裂及埕宁断隆东翼控制。岩石组合为玄武岩、基性凝灰岩、沉凝灰岩、火山角砾岩等。

2.3.4 岩浆岩对煤层的破坏和影响

从河北省的煤田勘探和矿井生产开发来看,各煤田均有不同程度的岩浆侵入活动,尤以燕山期的侵入岩对煤层的影响和破坏最为严重。岩浆侵入含煤地层对煤层的破坏和影响程度很大,由于各个煤田(矿区)侵入部位有差异,其破坏和影响程度不一。侵入含煤地层和煤层的岩浆岩其产状有岩床、岩墙、岩脉、岩盖等,多以岩床、岩脉形式穿插在煤层之中,使煤层结构变得复杂。

岩浆侵入使各时代煤层在深成变质作用的基础上,又叠加了岩浆热变质作用,出现多煤种带状分布现象。最为典型煤田实例是邯郸煤田,由于岩浆大量侵入石炭—二叠纪煤系,以武安—沙河为中心的无烟煤区向南、向北两侧递减为低煤级烟煤,煤变质程度依次排列为贫煤带—瘦煤带—焦煤带—肥气煤带,形成南、北煤级分带特征。

由于岩浆侵入煤系形式多样,特别是侵入煤层顶板、底板或煤层中,使煤层与岩浆岩接触部位局部形成天然焦或石墨并使煤层变薄、分叉或被吞噬,严重破坏煤炭可利用储量甚至失去开采价值,同时又增加了煤的灰分。

由于变质程度增高而改变煤层的瓦斯含气量,从而形成高瓦斯矿井、煤与瓦斯突出矿井等。岩浆侵入含煤地层冷却后,使煤层和围岩产生一系列裂隙从而形成瓦斯逸散通道,在此过程中产生的大量气体存储到煤层或围岩中即形成煤层气或煤成气。

2.4　水　文　地　质

河北省赋存有各时代的含煤地层,各个煤田的地形、地貌、地层岩性、地质构造、各类岩层充水特征等不尽相同,其水文地质条件也各具特征,对瓦斯运移、富集有影响的水文地质因素也不尽相同。

2.4.1　煤系含水层

基岩裂隙含水层:包括碎屑岩类、岩浆岩类和变质岩类三大类型,其裂隙水以储存和运移在风化裂隙与构造裂隙之中。构造裂隙水主要分布于基岩构造带附近,富水程度取决于岩性、裂隙性质与发育程度及补给条件。构造裂隙水具有分布不均匀、水力联系及渗流各向异性等特点。煤系碎屑岩类裂隙水赋存于砾岩、砂砾岩、砂岩等裂隙之中,多数富水性弱。煤系岩浆岩类裂隙,各个煤田影响程度有一定差异。由于岩浆岩的侵入所形成的围岩裂隙及冷凝后形成的收缩裂隙带,其规模、影响范围及导通相邻含水层差异很大,但一般来说这种裂隙富水性较弱。

顶板裂隙含水层:风化裂隙水赋存在基岩的风化壳,主要受大气降水补给,其水量大小受降水及地形控制,地形低洼处水量大。

碳酸盐岩类岩溶裂隙含水层:煤系中薄层石灰岩含水层,其富水性一般较弱。奥陶系石灰岩岩溶水是石炭、二叠纪煤系基底承压岩溶含水层,其富水性强,水头高、水压大。碳酸盐岩类岩溶裂隙含水层具有非均质的特点,由于所处的水文地质条件不尽一致,同一层位含水层在不同地区其岩溶裂隙发育程度及特征各异,表现的补给、富集、运移、排泄差异甚大。

2.4.2 煤田水文地质

河北省各煤田的水文地质条件因所处大地构造单元、地貌类型、煤田沉积环境等不同而不同,按其所处大地构造单元,大体上分为燕山区、太行山区、冀北隆起区和冀东平原区 4 个大区[217]。

(1) 太行山东麓煤田水文地质

太行山东麓煤田自北向南包括灵山、元氏、隆尧、临城、邢台、邯郸、峰峰等煤田和煤产地。其水文地质条件有相似和共同点:① 煤系中含水层主要为山西组 2 号煤顶板砂岩,太原组的 4、6、7 及 8 号煤顶板或底板薄层石灰岩。薄层石灰岩富水性南部煤田强,而北部较弱,其中 8 号煤顶板(大青灰岩)富水性较强。② 各煤田中断层十分发育,多为正断层,一般不发生含水层之间水力联系,但局部导通煤系基底奥陶系岩溶裂隙含水层,则补给煤系含水层。

此外,最北端的灵山煤田,新生界和煤系富水性均较弱,最下一层可采煤层距奥陶系石灰岩含水层在 70 m 左右,其间隔水层条件较好。

(2) 燕山南麓煤田水文地质

① 石炭—二叠纪煤田水文地质

燕山南麓多为不对称隐伏向斜构造,由东向西包括开平煤田、车轴山煤田、蓟玉煤田、三河煤田等。其共同点是新生界盖层较厚,砂砾石层含水性强,为煤系砂岩含水层的主要补给来源,由于砂岩裂隙发育,致使富水性增强;其次煤系基底奥陶系裂隙岩溶强含水层与新生界砂砾石含水层水力联系密切,在构造破碎带、裂隙密集带与充水陷落柱发育地段形成良好通道,与煤层有水力联系。

② 石炭—二叠纪及侏罗纪双纪煤田水文地质

柳江煤田为双纪煤田,新生界盖层较薄,含煤地层富水性弱,其水文地质条件简单,煤系基底奥陶系石灰岩含水层距煤系最下一层可采煤层(煤 5)厚 65~90 m,推测与煤层无水力联系。

③ 侏罗纪煤田水文地质

主要有宣化—下花园煤田、蔚县煤田。新生界盖层部分较厚,砂砾石富水性弱至中等,煤系富水性一般较弱;煤系基底寒武系、奥陶系下统等,含水层富水性相对较弱,推测与煤层无水力联系。

④ 白垩纪煤田水文地质

主要指万全煤田。新生界含水丰富,但距煤层一般 150~200 m,由于煤系诸隔水层存在,水力联系较差,煤系水头高,压力大,但渗透性差,含水微弱;煤系基底为侏罗系上统张家口组火山岩,一般含水微弱。

(3) 冀北隆起区煤田水文地质

冀北隆起区煤田主要为康保土城子侏罗纪煤田。新生界与含煤地层富水性均弱,煤系基底为不含水的太古界地层。煤矿水文地质条件简单。

(4) 冀东平原区煤田水文地质

冀东平原区的石炭—二叠纪煤田主要包括:大城、寨子、泊头、海兴、阜城、天津南、新河—南宫、广宗 8 个含煤区,这些含煤区除大城地区现正在普查勘探外,其余均为预测区,因此水文地质条件不清楚。但共同特点是煤系上覆沉积有 800 m 以上的新生界地层,煤层赋存深度在 1 200 m 以下,含煤区之间均有深大断裂相隔,推测地下水补给条件差,富水性弱。

2.5 小　　结

(1) 河北省地层发育较齐全,以康保—围场深断裂带为界分 2 个地层区。其北内蒙—松花江地层区(内蒙地层区);以南华北地层区。区内分布有不同时代的煤层，主要为石炭—二叠系的本溪组、太原组及山西组；下侏罗统的下花园组；下白垩统青石砬组。

（2）河北省构造具有显著的分区特征，分为燕山断褶带、太行山断皱带、冀北隆起带和冀东南沉降带。主要断裂构造带可以划分为 5 个方向：近 EW 向、NNE 向、NW—NNW 向、NE 向、SN 向。发育开平向斜、车轴山向斜、鼓山—紫山背斜、宣龙复向斜等主要煤田褶曲；永清—藁城复背斜、武清—阜城复向斜、天津—景县背斜、塘沽—吴桥复向斜和常庄—魏县复向斜等主要隐伏褶曲。区内岩浆岩动强烈，类型繁多，以燕山褶皱带和太行山山前断裂带较发育。晚古生代、中生代和新生代岩浆侵入均有发生；各煤田均有不同程度的岩浆侵入活动，尤以燕山期的侵入岩对煤层的影响和破坏最为严重。

（3）煤系含水层包括基岩裂隙含水层、顶板裂隙含水层、碳酸盐岩类岩溶裂隙含水层。各煤田的水文地质条件按其所处大地构造单元，大体上分为燕山区、太行山区、冀北隆起区和冀东平原区 4 个大区。

3 区域构造及其演化特征

3.1 区域构造特征

3.1.1 区域大地构造格局

不同地质构造背景下所形成的含煤岩系,经历了不同期次、强度、性质的构造作用,发生升降、褶断、叠加、转化等不同程度和不同形式的变形和变位,从而导致现今赋存状态千差万别,但它们又具有内在的联系,在空间上呈现逐级控制、逐渐过渡的统一格局。

华北板块位于中国大陆的东部,而中国大陆构造应力场受西部印度板块挤压、北部西伯利亚地台相对阻挡和东部太平洋板块(菲律宾板块)俯冲等三方面作用的控制,地球动力学环境比较复杂。华北含煤地区大地构造格局的主要控制因素包括两条现代板块边界锋线、两条板块对接带和三个古生代以来的地球动力学体系[218],如图 3-1 所示。

(1)两条现板块边界锋线

中国大陆现代板块动力背景以欧亚板块向南运动、太平洋板块向 NW 方向运动和印度洋板块向 NNE 方向运动为基本趋势。其中,中国大陆东西两侧为现代活动板块边界,形成两条运动锋线。东侧为沟—弧—盆系统的洋陆汇聚边界,太平洋板块和菲律宾海板块沿日本—琉球海沟向 NWW 向俯冲,导致大陆裂解,构成包括华北含煤区在内的东亚地区中新生代构造体系转换的地球动力学背景。西侧为陆壳碰撞型板块边界,印度板块沿雅鲁藏布

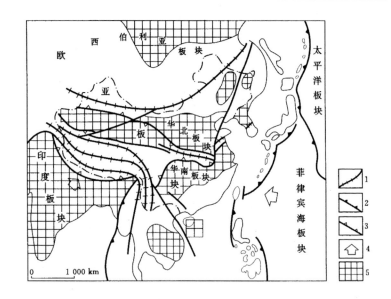

图 3-1　中国大陆现代大地构造位置简图[218]

1——缝合线；2——俯冲带；3——板块俯冲带；4——板块位移方向；5——克拉通

江缝合线与欧亚板块发生碰撞并持续向北推挤削减，一方面使青藏高原因地壳重叠而隆起，另一方面以滑移线场形式影响中国大陆东部的构造变形。

（2）两条板块对接带

华北板块分别与华南板块和西伯利亚板块碰撞对接，并在华北板块南北缘分别形成秦岭—大别造山带和蒙古—兴安造山带。中、新生代在特提斯—古太平洋、印度洋—太平洋动力学体系作用下，上述板缘构造带发生多旋回复合造山，不同程度卷入特提斯—喜马拉雅构造域和滨太平洋构造域[219]。

（3）三个古生代以来的地球动力学体系

古生代以来，受海西运动、印支运动、燕山运动、喜马拉雅运动及现代构造作用的控制，华北板块演化经历了复杂的历史，大致划分 3 个阶段性,可将各阶段划归 3 个地球动力学体系:古亚洲洋构造域,特提斯—古太平洋构造域和印度—太平洋构造域。不同的构造阶段,其含煤岩系受到不同构造的作用,导致区域上煤层赋存的复杂化和差异性,控制了煤层瓦斯的分布特征。

3.1.2 地球物理场特征与深部构造

地壳或岩石圈的结构、物质组成和构造在三维空间的展布具有垂向分层、横向分块的特征。一方面,不同深度的位置组成和构造变形各具特点,具有"层次性";另一方面,不同构造层次的物质运动和构造变动又息息相关、互相制约。形成于地壳浅部的含煤岩系与基底结构和地壳深部物质运动密切相关,深部构造格局和基底大地构造属性决定了煤盆地的构造演化的活动性,并决定了含煤岩系后期构造改造方式、强度和现今赋存状态[218]。

3.1.2.1 地球物理场特征

地球物理场特征是研究深部构造确定地壳结构的重要依据。深部构造对浅层构造的形成、演化及分布具有明显的控制作用。重力法和磁力法的地球物理依据是地质体的密度差异和磁性差异,是两种重要的地球物理方法。不同的岩性,其密度和磁性均不相同,各种地质体由特定的岩性组合而成,具有特定的密度特征和磁性特征,形成空间变化的重力场和磁场。

(1) 区域磁异常特征

地磁场是地球表面及内部的、局部和区域性的岩体(岩石)磁性和构造形态的综合反映,一般情况下,观测到的航磁资料能反映区域性的、大尺度的磁性岩体的分布和构造等特征[220]。

物性测定结果表明,各时代的沉积岩基本无磁性,变质岩和火山岩具有较强的磁性[221],燕山以南的华北地区,其磁性强度相差5~20 倍[222]。由于变质岩较火山岩的分布范围广、规模大,因此,除局部地区以外,基本上是基底变质岩系的原岩改造、结构变化及地壳形变改造结果的综合反映。一般认为区域磁异常可以反映中生代以来所形成的变质基底结构特征。

华北区域磁异常现象反映了基底变质岩系的构造和结构特征。从区域磁异常形态、组合关系和强度可分出两种基本的磁性基底结构类型:以线性褶皱及走向断裂为代表的活动带和以基底断块结构为代表的稳定区。区域性磁异常轴向具有明显的规律性,不同方向的磁异常轴向呈带状分布,构成磁异常轴向构造格架,间接反映了基底结构和大地构造格局。华北及邻区磁异常构造格架的主要轴向带有 6 条(图 3-2):2 条 E—W 的轴向带,2 条 NE 向轴向带和 2 条 NNE 向轴向带。E—W 的轴向带以 E—W 向平行排列、紧密的线性异常为特征,规模巨大,宽 200~300 km,走向延伸 2 000 km 以上,分别与阴山—燕山造山带和秦岭—大别造山带相对应。两条 NE 向轴向带和两条 NNE 向轴向带将华北分割成若干条带,切割 E—W 向轴向带多数具有左行平移性质,表明中国东部的 NE 向、NNE 向构造形成时代晚于 E—W 向构造,前者对后者有破坏改造作用[223]。

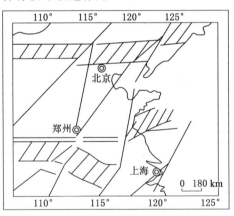

图 3-2　华北及邻区磁构造格架示意图[223]

　　河北省航磁(△T)平面异常图显示太行山区和冀北磁异常强度大,表现为较紧密的高异常,平原区则相反,表现为较平缓的低异常,反映了变质基底埋藏深度的差异,如图 3-3 所示。

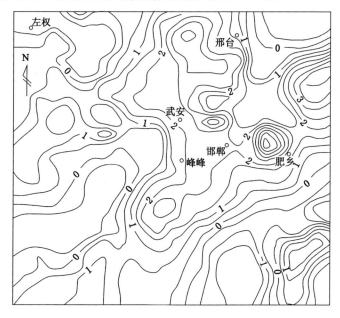

图 3-3　华北平原区航磁异常图[203]

　　太行山区和冀北存在着两条明显的强正磁异常带,一条呈 NE 向沿涞源—赤城一线展布,该强正磁异常带与紫荆关断裂带北段对应;另一条位于尚义—赤城—平泉一线,以弧形向南凸出,此强正磁异常带与尚义—平泉大断裂带相对应。这两条强正磁异常带说明了断裂活动伴随着强烈的岩浆活动。

　　平原区在磁场特征上一般表现为隆起区磁场强度较大,沉陷区为较平缓的低或负磁异常。磁异常特征的总体格局比较宽疏,以稀疏的 SN 向和 EW 向两组构成方形网格,前者的连续性较后者为强。此外还有北东向和北西向局部基底特征线穿插期间。据推测,平原区的深部基底普遍存在着具有磁性的致密的古老地块。

太行山区和平原区之间虽然没有强正磁异常带或负磁异常带,但从基岩出露区向平原区磁异常线表现出由相对较紧变为相对宽缓,说明了太行山山前断裂带的存在。

(2) 布格重力异常特征

大地水准面以下密度界面和物质分布不均匀所产生的综合效应为布格重力异常,它可以间接反映区域构造特点。向上延拓所得到的深部布格重力异常、去掉新生界沉积影响,主要反映莫霍面以上地壳结构和成分变化。

从区域布格重力异常图(图 3-4)可以看出,重力值呈现由 NW 向 SE 递增的趋势,燕山—太行山一线的中国东部重力梯度带将华北东部区明显分为东西两块,东侧异常变化平缓,梯度较小,反映了平原区及渤海沉积层较厚,基岩埋深较大的特点,几十至上百公里波长的 NE、NNE 向正、负交替的异常带基本对应着基岩起伏。平原区中的冀中断陷、沧县断隆、黄骅断陷、埕宁断隆和临清断陷均由重力梯度带划分,划分各构造单元的重力梯度带与不同走向的异常分布反映着一定规模的断裂带。各断隆、断陷中的次级构造表现也较明显,正异常对应凸起,负异常为凹陷。山区异常特征与平原区负异常相反,其梯度值大,表明形态变化急剧,紫荆关断裂和太行山前断裂带等在图上显示明显。

总之,区域布格重力异常的分布具有很强的浅部效应、块状分布和深、浅叠加场的特点。

3.1.2.2 地壳岩石圈结构和多层次滑脱构造特征

地壳岩石圈内贯穿有许多直立和水平的活动带,导致结构和物质组成的横向和垂向不均匀性,岩石圈和地壳不同圈层之间存在耦合和非耦合关系。横穿太行山和渤海湾盆地的多条深地震反

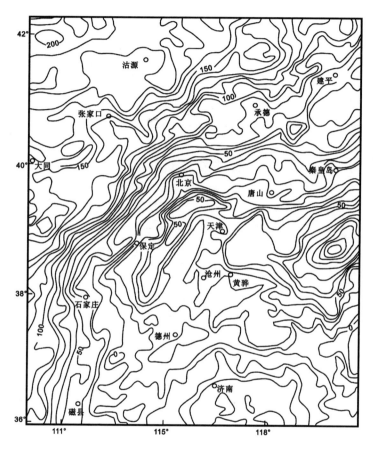

图 3-4 华北东部区深部重力异常图(单位:10^3 cm/s^2)[203]

射、广角折射/反射探测和大地电磁测深剖面及地学断面,可以反
映出盆地和山区地壳上地幔结构构造的基本轮廓,无论是山区还
是盆地,岩石圈都具有水平成层的层圈结构,各层之间的界面连续
而无明显垂直断错现象。

依据地震测深与大地电磁测深资料,可将华北区域大陆地壳划分为上地壳、中地壳和下地壳等三部分(图 3-5)。华北区域上地壳包括地壳表层和下部高速高阻层,总厚 9～15 km,在平原区厚,向周缘变薄,地壳表层主要是中新生界高阻层,为电性高导层;中地壳即所谓的花岗岩质层,为一组低速层或高低速相间层,厚度变化较大,华北平原区 8～10 km,燕山中部为 12～14 km,山西高原地区加厚至 20 km,辽南为 9～10 km;下地壳(玄武质岩层),在华北区域具有正速度递进层(波速随深度而连续增加)特点,层速度为 6.2～7.8 km/s,电性特征为高阻层。

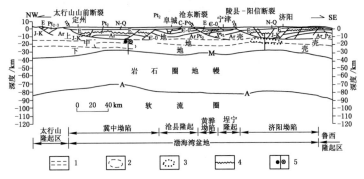

图 3-5　渤海湾盆地岩石圈结构构造剖面[224]

1——壳内分层界面;2——壳内高导层;3——壳内低速体;

4——华北准平原面;5——右旋走滑断裂

华北地壳结构的一个重要特点是中地壳厚达数千米的低速层或高低速相间层的存在,从而造成速度结构剖面上波速逆转。大地电测深表明,在速度最低值深度附近存在电性高导层。因此,上地壳的断块构造和大规模滑脱构造可以通过中地壳的滑脱层位得到均衡调节。地壳结构最显著的特点是非均匀的多层性,尤其是高低速(阻)层相间组合的存在。

3.2　区域构造演化

华北板块南接扬子板块,北邻西伯利亚板块,东靠太平洋板块,包括华北大部、东北南部、西北东部、渤海及北黄海,轮廓近似三角形,周边缘为高山环绕,地台内部也有燕山、恒山、五台山、太行山等重要山脉,走向以 NE—NNE 为主(图 3-6)。华北板块位于中国东部这一特殊的大地构造位置,华北板块与周缘板块之间的相互作用控制板内构造的形成与发展。华北板块发展演化大致经历了基底形成、稳定盖层沉积和活化盖层发展三大发展阶段,即由太古代、早元古代的变质岩系组成基底,中元古代—三叠纪是稳定地台沉积盖层的广泛发育阶段,三叠纪末期的印支运动是华北地台演化的重要转折,连同中国东部一起进入一个崭新的构造演化阶段。印支期及其以后的构造作用对古生界煤层产生了强烈的改造作用,使煤层赋存状态复杂化[224]。

3.2.1　基底形成阶段

根据区域地质资料,迁西旋回末期的构造热事件(迁西运动)使原岩普遍遭受深成变质及混合岩化作用,构成华北板块最古老的陆核。阜平旋回期末的构造热事件(阜平运动),主要表现为古陆核两侧坳陷全部褶皱回返,使地壳垂向增厚、侧向增生加大,并产生变质与混合岩化作用,使华北板块基底初步固结。至五台期,沉积已受到当时开始活动的断裂构造控制,太行山区五台群呈近NS-NE 向展布。大约在 2 500 Ma 前后,规模巨大的五台运动席卷华北地区,使基底陆核初步焊接。之后的早元古代吕梁期开始了强烈的断裂活动,或发育成裂谷或形成断陷盆地。吕梁运动主幕(1 850 Ma)之后发生皱褶作用,该期沉积的岩层与下伏岩群一起遭受剥蚀夷平,形成了统一的华北板块结晶基底。

华北板块古老基底形成受古老构造热事件(构造运动)的控

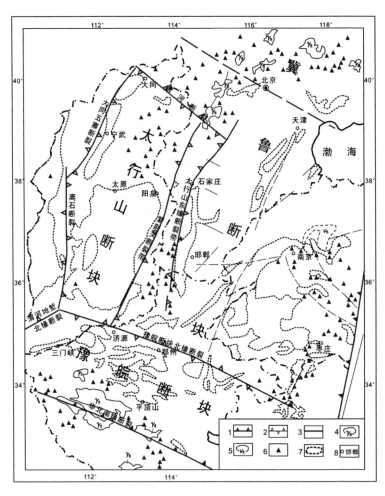

图 3-6　华北地区构造纲要图(据文献[225],修改)

1——华北板块边界断裂;2——次级板块边界断裂;3——次级板块内断裂;

4——燕山期花岗岩;5——燕山期灰长岩;6——燕山期岩体;

7——石炭—二叠纪煤层

制,原始陆核及沉积方向呈近东西向,并发育一系列东西向和北北东向断裂,这种基底构造线对盖层构造线具有明显的控制作用;华北板块基底是不断扩展增生的,这种次一级接合部位进而将结晶基底分割成不同块断,各块断基底年龄、原始物质组成以及所含火成岩种类、数量等,彼此存在着差异;总的发展趋势是由较活动到相对稳定的发展过程。

3.2.2　稳定盖层沉积阶段

结晶基底形成,华北板块进入盖层沉积阶段,此阶段构造相对稳定,以较大范围的升降为主,并明显受板缘或板内构造带(断裂带)控制。

华北板块在中、晚元古代的显著特征是地台内侧或边缘裂陷,巨厚沉积集中于裂陷沉降带内,除构造转换沉积层外,均为非全域的沉积盖层。古生代转为差异性升降阶段,裂陷活动消亡,进入稳定的地台盖层发育期,早古生代为弱差异升降阶段,全域同步缓慢沉降,地台内有小幅度差异升降;中、晚奥陶世地台整体升起与中石炭世地台沉降是一次最具地台特征的构造运动,使整个地台缺失了上奥陶统至下石炭统的大套沉积,其间普遍形成假整合接触。晚古生代为强差异升降阶段,结束了华北地台的单一海相沉积史,并完成了从海陆交互相沉积向纯陆相沉积的重大古地理转变。石炭—二叠纪是地台稳定发展阶段的重要成煤时期,是在早古生代末华北整体隆起后,再次发生海侵接受沉积开始的,按构造控制作用可划分为阴山隆起区、华北坳陷区和秦岭隆起区三个近 EW 向的构造区,研究区即位于华北坳陷区内。自二叠纪开始地台整体上升,逐渐转为陆相沉积,同时地台的东、西差异变得明显,表现出地台有活动性增强的趋势。

3.2.3　活化盖层发展阶段

聚煤期之后,本区进入构造运动相对活跃的时期,开始了大地构造发展的第三阶段,即活化盖层发展阶段,其中生代及新生代构

造运动对本区影响深刻,使本区构造发生了巨大变化。现对该阶段的中生代及新生代构造演化详述如下:

(1)中生代构造演化

三叠纪末期的印支运动是中国东部大陆地质发展史的重大转折,华北古陆壳板块与华南古陆壳板块沿秦岭—大别构造带碰撞对接,合并为统一的中国大陆板块,在碰撞的过程中造成大别推覆体构造。库拉—太平洋板块与欧亚大陆的相互作用日益增强,由此开始了由"南北分异"体制向"东西分异"体制的转化。在此期间,华南地块与华北地块均向 NE 方向运移,但华南地块的运移速度更快一些,华北地块向北运移与兴蒙褶皱带内各地碰撞,使中国东部从此成为欧亚大陆板块的一部分[225]。陆壳板块碰撞产生的强大挤压力逐渐波及板块内部,使华北板块在三叠纪末期整体隆起,结束了自晚元古代以来长期相对稳定、统一坳陷、接受沉积的历史,进入以盖层褶皱、断裂块断作用和陆内岩浆活动为特征的构造活化阶段。黄汲清等[227]将中国东部印支运动以来的大地构造归属为滨太平洋构造域的形成和发展。任纪舜等[228]在此基础上,进一步划分出中生代与古太平洋洋盆消减、闭合有关的古太平洋体系和中生代末期与东亚大陆边缘裂解有关的新太平洋体系等两个地球动力学体系,相应的地壳运动为燕山构造旋回和喜马拉雅构造旋回。

陆壳板块碰撞对接后,板块之间的相互作用并未停止,陆内俯冲和多层次滑脱是其主要的表现形式。沿秦岭—大别造山带发育多条印支燕山期由北向南逆冲的大规模逆冲推覆构造,燕山地区在燕山运动(第 I 幕和第 II 幕)造山主期构造变形强烈,从造山带后端至前缘,逐渐形成了兴隆、承德、大庙、隆化和围场等 5 条主干逆掩断层,其褶皱形态也从箱状褶皱转变为斜歪褶皱;同时,在造山带后缘还出现了反冲逆冲断层,形成了三角带构造和突起构造,该时期构造变形最强烈,上层地壳大规模缩短,同时对华北煤田煤层的赋存状态也产生了强烈的改造作用[198]。应该说,印支—燕山中期的近 NS 向的构造挤压作用对华北煤田煤层的展布起到了重要的控制作用,使煤层总体呈近 EW 向展布。构造变形、岩浆活动和磨拉石沉积特征,均表明侏罗纪为造山运动主期,是燕山板内造山带的主要形成时期。造山后期的构造运动仍属燕山运动(第Ⅲ幕)范畴,但其运动强度大为减弱。中国大陆东部构造在晚侏罗纪的燕山构造运动时期发生重大变化,形成一系列 NNE 走向的断裂、盆地等伸展构造形迹。它与库拉—太平洋板块对欧亚板块的俯冲消减作用相关。由于这 2 个板块相互作用的结果,华北岩石圈发生热减薄裂谷作用过程,上地幔热物质侵入地壳,使原来的地壳成分、结构发生变化。构造变形上,已形成的主干逆掩断层仍有一定的活动,但主要表现为侏罗系和下白垩统的火山—沉积岩系发生轻微褶皱。早白垩统世造山运动趋于结束,进入了造山期后演化阶段。华北板块在中生代不同阶段的基本格架为盆山体系,燕山地区前晚侏罗世时期呈现出北东向褶皱逆冲带与挤压挠曲盆地带相邻并存的盆山结构;晚侏罗世时期呈现出北东向裂谷盆地与断隆相间的盆岭结构;晚侏罗世晚期—早白垩世则呈现出 NE—NNE 向盆地与"活动"断隆相间,同时受北东东向褶皱逆冲带控制的盆山结构,如图 3-7 所示。

华北板块中生代构造体制转折总体上表现为陆内伸展和与地幔隆起相伴的岩石圈大规模减薄,由 EW 向到 NNE 向的盆岭格局重组。在复杂的构造过程,华北陆块的边缘与内部,北缘与南(东)缘构造过程细节不同,并有挤压与伸展的一次或多次交替。中生代构造体制转折的伸展作用与印支期末的碰撞后的伸展不属于同一构造动力学过程,深部的壳幔作用和岩石圈减薄与上部地壳的运动有明显的耦合和成因联系。

（2）新生代构造演化

中国东部新生代构造演化主要受印度板块与欧亚板块的碰撞

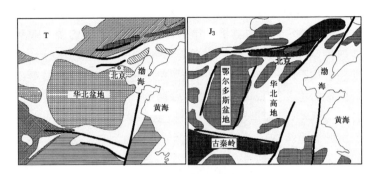

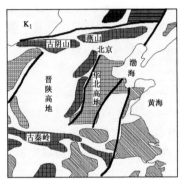

图 3-7　华北克拉通三叠纪—白垩纪盆岭格架[229]

及太平洋板块向欧亚板块下的俯冲两种远程构造应力的影响。晚白垩世—古近纪,库拉—太平洋板块俯冲于亚洲大陆东部之下,古近纪后期,洋脊完全消减[230]。洋脊俯冲引起弧后地幔物质上涌,岩石圈侧向伸展,地壳减薄,使中国东部弧后区应力状态从挤压变为拉张,造成规模巨大的大陆裂谷区,华北地堑系包括在内。大陆内部地区的裂谷作用,造成太行山的强烈隆升和华北平原的大幅度坳陷[231]。白垩纪末—古近纪初,从渤海到鄂尔多斯的华北地块还是一个完整的陆块,处于构造运动的相对宁静时期,大部分地区表现为稳定剥蚀状态。中国东部的华北板块与华南板块在新生代虽已形成了统一的板块,但内部构造变形特征仍然具有明显的区域块体特色,如图 3-8 所示。

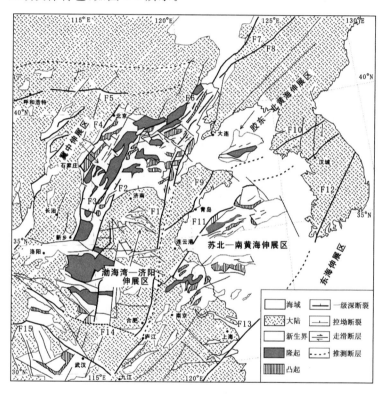

图 3-8 渤海湾及邻区新生代构造纲要图[203]

F1——郯庐断裂;F2——兰考—聊城—盐山断裂;F3——沧东断裂;F4——太行山东麓断裂;

F5——赤诚断裂;F6——台安—大洼—法哈牛断裂;F7——依兰—舒兰断裂;

F8——敦化—密山断裂;F9——五莲—牟平断裂;F10——临津江断裂;

F11——苏北—南黄海盆地北缘断裂;F12——湖南断裂;F13——长乐—南澳断裂;

F14——商丹带;F15——勉略带(襄广断裂段)

古近纪前期(60～35 Ma)菲律宾板块从太平洋板块分出并继续向 NNW 方向运动,同时在西伯利亚向南压入、印度板块向欧亚大陆俯冲的地球动力学背景制约下,引起华北北缘断裂右行走滑;始新世初,太行山、鄂尔多斯高原整体隆升,山西地堑开始形成。至始新世末期(约 35 Ma)太平洋板块俯冲方向突变为 NWW 向近垂直陆缘俯冲,华北板块东部边缘海盆地及岛弧形成[232]。库拉—太平洋板块完全消亡之后,太平洋板块运动方向由 NNW 转为 NWW,印度板块于中新世与欧亚板块碰撞并继续向北推挤,造成中国大陆东部向洋蠕散,使得日本海、东海、南海等边缘海盆相继打开。东亚大陆东侧转化为沟—弧—盆系的西太平洋型大陆边缘。弧后中心随之东移,中国大陆岩石圈的热衰减造成地壳大面积均衡沉降,取代新生代早期广泛的断陷活动,形成渤海—华北、南黄海—苏北和江汉等坳陷盆地。

新近纪以来至今,太行山区仍持续抬升,遭受剥蚀,西部山前地带的新近系及第四系比东部凹陷薄 2 000 m 左右[233],而太行山以东强烈裂陷沉降形成平原,与之形成强烈反差。现在太行山区的许多山峰海拔高度大于 3 000 m,与平原交界处经常出现陡峻的断层崖壁,这样强烈的地貌反差可能是地壳重力均衡作用造成的。即平原区的平均密度较大,地壳下沉致平均密度较小的山区隆升,在此过程中伴随着下地壳物质的迁移,相应地造成地壳厚度、重力异常的陡变梯度带。

太行山的伸展对平原区煤层的赋存状态具有重要控制作用,太行山重力梯级带所对应的太行山山前断裂带,位于太行山地壳厚度陡变带的东缘定州附近。从深部构造上看,这条断裂带是铲式正断层,以上陡下缓的方式于 17 km 左右的深度变平。因此,华北盆地与太行—五台块体的边界断裂面不是直立的,而是呈铲状向东南延伸并以水平产状收敛于壳内。现有资料表明,太行山山前断裂带与深切地壳甚至整个岩石圈的郯庐断裂带截然不同,它基本上是发育于上地壳的拆离滑脱构造,不属于深大断裂。

3.3 河北省地质构造演化

自石炭—二叠纪煤层形成以来,河北省经历了海西—印支期、燕山早—中期、燕山晚期—喜马拉雅早期和喜马拉雅晚期—现今等四期构造构造运动,形成了复杂的褶皱、断裂及岩浆岩侵入等地质构造格局。

3.3.1 海西—印支期

晚古生代,华北板块处于南北秦岭洋和蒙古洋之间的陆壳板块,与北方的西伯利亚板块和南方的华南板块隔洋相望。晚古生代后期,华北板块通过向北漂移,于二叠纪末与西伯利亚板块碰撞对接。大体与此同时或稍晚,华南板块与华北板块也发生碰撞,构成统一的中国板块[226],华北板块南、北两条缝合线呈近东西向展布。在上述构造作用下,产生了与华北古板块南、北缘垂直的近SN向构造应力场,使华北板块承受强大的南北向挤压作用,形成了规模宏大的近EW向延伸的褶皱和逆断层,特别在华北板块的南缘与北缘地带,如图3-9所示。但在板块内部的构造作用并不显著,主要发育了一些近EW向的宽缓褶曲,表现为整体隆升的剥蚀作用,煤层埋藏变浅的过程。

受华北古板块的控制,河北省地区也承受了近SN向挤压构造应力场,该期地质构造主要发育在北部燕山一带,并形成了一系列的轴向EW褶皱和EW延伸的压性断裂,如:大庙—娘娘庙断裂、康保—围场断裂、尚义—平泉断裂、丰宁—隆化断裂等断裂可能均在该期有活动或始形成;还有迁安穹隆构造(冀东迁西—山海关一带)和遵化复背斜(遵化县)等,如图3-10所示。

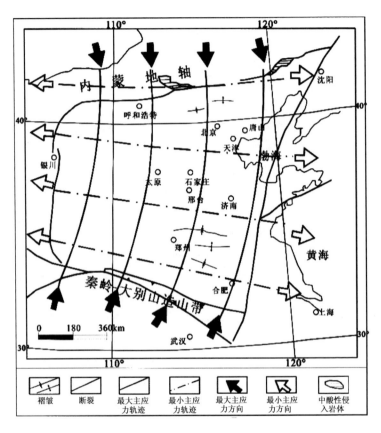

图 3-9　华北板块海西—印支期构造应力场

3.3.2　燕山早—中期

　　早—中侏罗世至晚白垩世,库拉—太平洋板块向 NW 方向挤压,华北地块承受高强度的 NW—SE 向挤压应力场(图 3-11),是华北地块开始了由"南北分异"体制向"东西分异"体制的转化,进入了燕山构造时期。华北古板块东部在燕山早期造山运动十分强烈,由板缘向板内逆冲推覆构造活动达到高潮;燕山造山带区域性

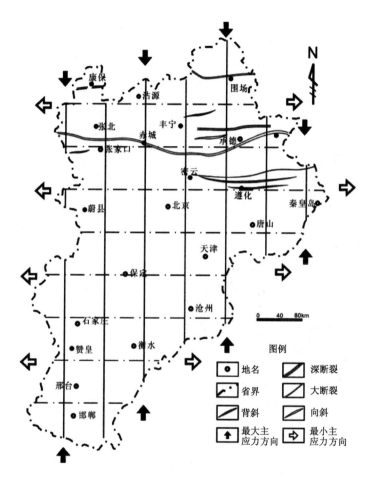

图 3-10 河北省海西—印支期构造应力场

NE—NNE 向主干断裂带部分形成于印支期,大部分形成于燕山期。

侏罗纪以来,欧亚大陆与库拉—太平洋板块的相互作用日益增强,初生的太平洋板块在南半球向 SW 方向俯冲,使中国大陆及邻区受到较强的总体上 NW 向的挤压和缩短作用,也使中国东部

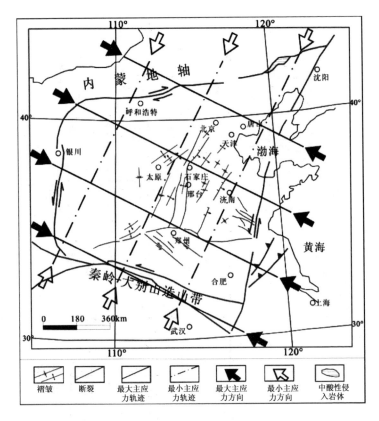

图 3-11 华北板块燕山早—中期构造应力场

NE 向—NNE 向构造线得到加强。该期是燕山造山带的形成阶段,构造变形强烈,从造山带前缘至后端,逐渐形成了围场、隆化、大庙、承德和兴隆等 5 条主干逆掩断层,其褶皱形态也从箱状褶皱转变为歪斜褶皱,在该期构造作用下,河北省区内发育大量的 NE、NNE 向断裂构造,并伴有一系列轴向 NNE 的褶曲构造,如图 3-12 所示。

总体而言,该期构造变形是石炭—二叠纪煤层形成后在华北

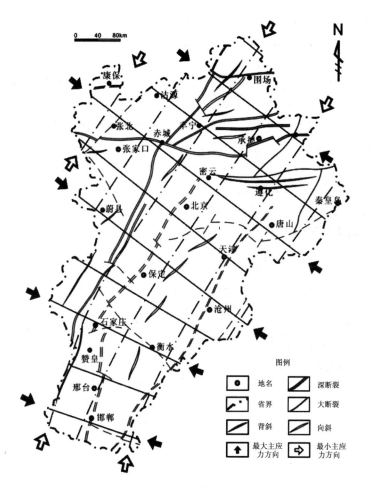

图 3-12 河北省燕山早—中期构造应力场

板块内变形最强烈的一次,上层地壳被大规模缩短,褶皱与断裂普遍发育,如:在邯邢煤田中部形成了 NNE 向复式褶皱,特别是在开滦矿区、兴隆矿区均有推覆构造发育,不仅对含煤地层的影响较大,同时控制着煤层中瓦斯赋存状况。

3.3.3 燕山晚期—喜马拉雅早期

燕山运动中期左行走滑作用和岩浆岩活动揭开了由挤压缩短向拉张裂陷转化的序幕。燕山运动晚期,随着库拉—太平洋板块俯冲带向东迁移,亚洲大陆东缘由安第斯型大陆边缘转化为西太平洋沟—弧—盆型大陆边缘。库拉—太平洋洋脊逐渐倾没于日本和东亚大陆之下,导致弧后地幔物质活动激化,热扩容促使地幔上拱,地壳减薄,岩石圈侧向伸展,如图 3-13 所示。库拉板块于 65～45 Ma期间全部消亡,太平洋板块直接向东亚大陆俯冲,运动方向为 NWW 向,以强烈地幔对流形式作用于东亚大陆,导致始新世末的裂陷高潮。

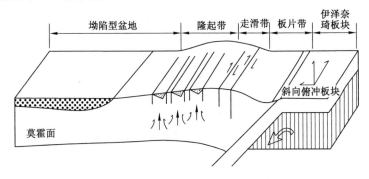

图 3-13　晚侏罗世—早白垩世华北型大陆边缘模式图[220]

该阶段,华北地区承受 NW—SE 方向的拉张构造应力作用(图 3-14),NNE 向展布的太行山大幅度隆起,而太行山东的华北地区则因大规模伸展而进入全面裂陷阶段,河北省原先发育的断裂在该期拉张应力作用下发生反转,NNE 向、NE 向断裂表现出张扭性特征,并新生了一系列 NNE 向的正断层(图 3-15),为煤层中的瓦斯提供了逸散条件。同时,由于深层地壳或地幔的调整,导致区域性的岩浆活动,在煤层深成变质作用的基础上,叠加了岩浆

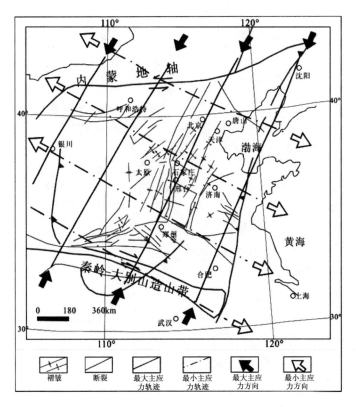

图 3-14 华北板块燕山晚期—喜马拉雅早期构造应力场

热变质作用,进一步影响煤层瓦斯赋存情况。

随着太行山发生强力隆升作用,位于太行山东侧的邢台矿区局部处于近东西向的伸展环境,邢台矿区石炭二叠纪煤层不仅被大幅度地抬升,埋藏变浅,同时,还发育了大量平行于太行山山前断裂的走向 NE 的正断层,煤层中的瓦斯得以大幅度地逸散;本期区域性的岩浆活动,使煤层的变质程度发生区域性差异,整体而言,从北东向南西,矿区受岩浆作用逐渐增强,煤层的变质程度也

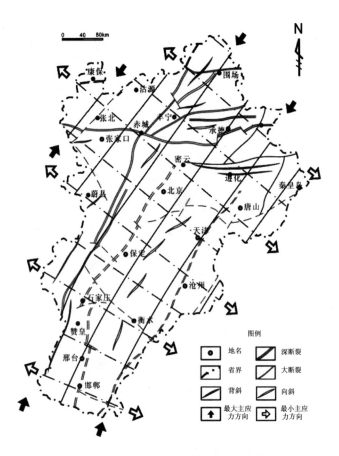

图 3-15 河北省燕山晚期—喜马拉雅早期构造应力场

逐渐增高,煤变质程度的增高,也补充了煤中瓦斯的来源。又如:
开滦矿区的吕家坨煤矿受本期岩浆的强烈作用,导致其矿井瓦斯
涌出量比相邻矿井的瓦斯大得多。

3.3.4 喜马拉雅晚期—现代

进入新近纪,库拉—太平洋洋脊消亡,太平洋板块运动方向由

NNW 向转为 NWW 向,而印度板块于中新世与欧亚板块碰撞并继续向北推挤,以滑移线场形式作用于中国大陆,并造成中国大陆东部向洋蠕散,使日本海、东海、南海等边缘海盆相继打开,东亚大陆东侧转化为沟—弧—盆体系的西太平洋性大陆边缘,弧后扩张中心东移[218]。新近纪中国大陆东部岩石圈地幔活动减弱、热异常衰减,逐渐由拉张作用转变为挤压体制,方向为 NEE 或近 EW 向(图 3-16、图 3-17)。

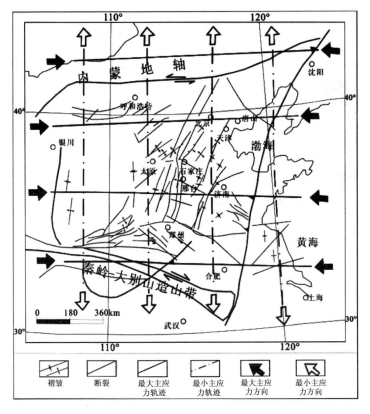

图 3-16 华北地区近代构造应力场

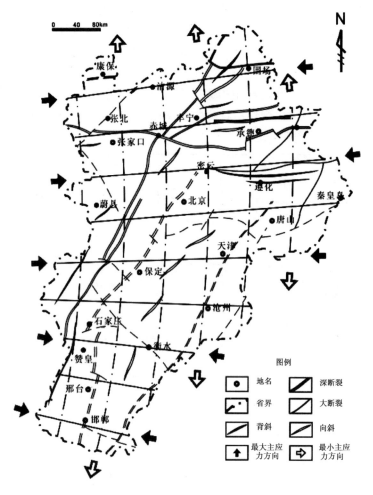

图 3-17　河北省近代构造应力场

华北地块以伴随周缘山区隆升的区域性沉积为标志的沉陷作用为主。

3.4 小　　结

（1）华北板块位于中国大陆的东部,构造应力场受西部印度板块挤压、北部西伯利亚地台相对阻挡和东部太平洋板块(菲律宾板块)俯冲等三方面作用的控制,地球动力学环境比较复杂。

（2）华北板块发展演化大致经历了基底形成、稳定盖层沉积和活化盖层发展三大发展阶段。印支期及其以后的构造作用对古生界煤层产生了强烈的改造作用,使煤层赋存状态复杂化。

（3）受华北板块的控制,自石炭—二叠纪煤层形成以来,河北省经受了海西—印支期近 NS 向挤压、燕山早—中期 NW—SE 向挤压、燕山晚期—喜马拉雅早期 NW—SE 方向拉张和喜马拉雅晚期—现今近 EW 向挤压等四期构造应力场作用,形成了复杂的褶皱、断裂及岩浆岩侵入等地质构造格局。

4 太行山断裂带瓦斯赋存的构造控制

4.1 区域构造演化及其控制特征

4.1.1 区域地质背景

太行山东麓构造以 NE 向的大、中型褶皱为主体,呈雁行式排列,与褶皱相伴的还有大量 NE 向和 NW 向断裂,大型褶皱平行排列控制研究区的构造形态,主要包括鼓山—紫山背斜和武安—和村向斜。鼓山—紫山背斜位于该区域的中部,纵贯南北,南部鼓山背斜轴向近 NS,北部紫山背斜轴向 NNE,整个背斜将太行山东麓分为东西两部分,武安—和村向斜位于鼓山—紫山背斜的西部[232,233],如图 4-1 所示。

区内自南向北有邯郸、峰峰、邢台等重要煤矿区,主要含煤地层为石炭—二叠纪煤层的本溪组、太原组及山西组,总厚度 140～250 m,平均 200 m。煤层层位较稳定,含煤层 15～22 层。可采层 6～7 层,煤层总厚度 17.48 m,可采煤层厚度 13.5 m。含煤系数 8.64%,可采煤层含煤系数 6.68%。主采煤层为 2#、4#、6#、8#、9# 煤层。岩浆岩活动强烈,以闪长岩、正长岩为主。煤阶主要为焦煤、瘦煤、贫煤和无烟煤,由浅部到深部煤层变质程度有逐渐增高的趋势。

4.1.2 区域构造演化特征

自石炭—二叠系煤层形成以来,太行山断裂经历了多期构造运动,导致了地质构造的复杂性。研究表明,在此期间至少经历了海西—印支期、燕山早—中期、燕山晚期—喜马拉雅早期和喜马拉

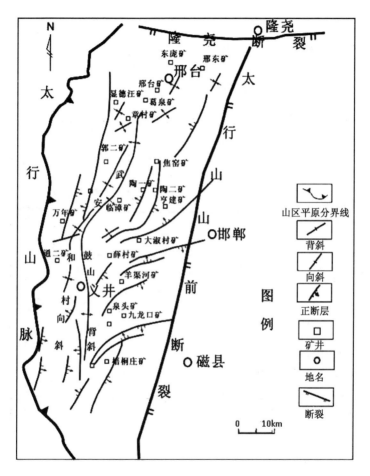

图 4-1 太行山东麓构造纲要图

雅晚期—现今四期构造应力场的更替。

（1）海西—印支期：华北板块受到强烈的南北向挤压作用,但在板块内的构造作用不显著,主要发育了一些近 EW 向的宽缓褶曲,如图 4-2 所示。

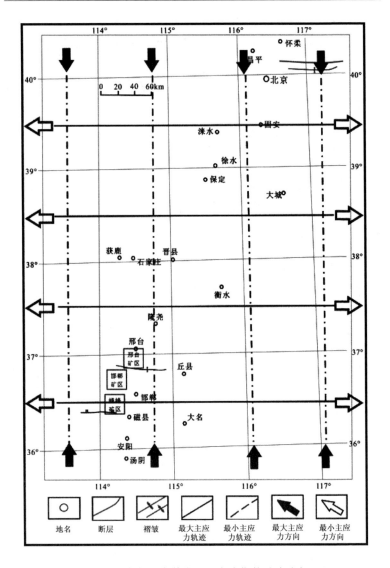

图 4-2　太行山东麓海西—印支期构造应力场

（2）燕山早—中期：该期构造变形是石炭—二叠系煤层形成后在华北板块内变形最强烈的一次，华北地块承受强度的 NW—SE 向挤压应力场，褶皱与断裂普遍发育，NE—NNE 向主干断裂带开始形成，例如汤东断裂等都是太行山断裂带的重要组成部分，如图 4-3 所示。

（3）燕山晚期—喜马拉雅早期：该阶段，华北地区承受 NW—SE 方向的拉张构造应力作用，NNE 向展布的太行山大幅度隆起，NNE 向、NE 向断裂表现出张扭性特征，并新生了一系列 NNE 向的正断层，如图 4-4 所示。

（4）喜马拉雅晚期—现今：该期应力场对太行山断裂构造影响有限，太行山断裂带主要构造格局已经形成，如图 4-5 所示。

4.2　峰峰矿区瓦斯赋存的构造控制

4.2.1　矿区构造特征

峰峰矿区位于华北断块区吕梁太行断块太行山（前）断裂带影响范围内，属于典型的板内构造，区域构造的基本格架受中—新生代以来的拉张体制下形成的断块格局控制。矿区主要发育石炭—二叠纪煤层，包括 15 对生产矿井，高瓦斯突出矿井 3 对，为薛村矿、大淑村矿、羊渠河矿，高瓦斯矿井 6 对，低瓦斯矿井 6 对，如表 4-1 所列。

矿区构造受太行山隆起及山前断裂带的控制，鼓山—紫山背斜为控制矿区构造格架的大型褶皱。以鼓山复背斜为构造骨架，该背斜将矿区分为东西两部分，发育一系列 NNE、NE 及 NW 向断裂构造。鼓山以西为和村—孙庄向斜构造盆地；鼓山以东为内跷式单斜构造，发育有次一级的小型复向斜，有规律地分布在各个井田中[234]。区内主体构造形成于燕山晚期构造，显示了继承性和多期性的特点，主要以高角度正断层为主，褶皱构造次之，断裂—断块组合构成本区基本轮廓，如图 4-6 所示。

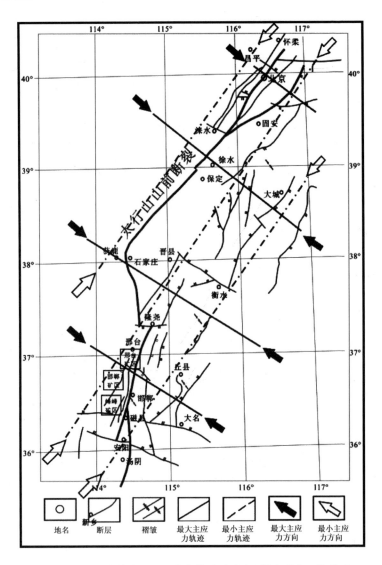

图 4-3 太行山东麓燕山早—中期构造应力场(据文献[216],修改)

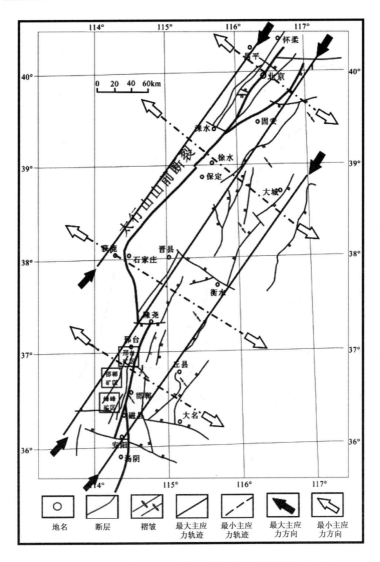

图 4-4 太行山东麓燕山晚期—喜马拉雅早期构造应力场

(据文献[216],修改)

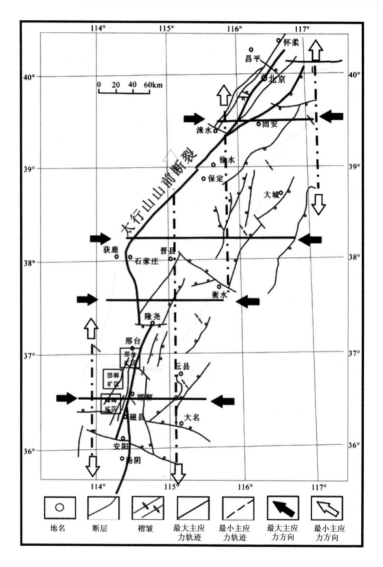

图 4-5 太行山东麓近代构造应力场

表 4-1　　　　　　　　　　峰峰矿区各矿井概况

矿井	含煤地层	煤质	主采煤层	绝对瓦斯涌出量 /(m³/min)	鉴定等级
薛村矿	C、P	PM	2、4、6、7、8、9	64.34	突出矿井
大淑村矿	C、P	WYM	2、4、5	23.57	突出矿井
羊渠河	C、P	PM、SM	2、4、6	46.4	突出矿井
小屯矿	C、P	PM	2、4、6	21.53	高瓦斯矿井
牛儿庄矿	C、P	SM、PM	2、4、6、7、8、9	12.82	高瓦斯矿井
九龙矿	C、P	JM、SM	2、4、6、8、9	20.29	高瓦斯矿井
新三矿	C、P	FM、JM	2、4、6	12.58	高瓦斯矿井
黄沙矿	C、P	FM、JM	2、6、7、8、9	23.57	高瓦斯矿井
六合矿	C、P	JFM	2、7、8、9₋₂	28.33	高瓦斯矿井
大力	C、P	JM	2	4	低瓦斯矿井
孙庄矿	C、P	FM	2、3、4、6、7	0.94	低瓦斯矿井
梧桐庄矿	C、P	FM、JM	2、3、4、6、8、9₋₂	7.5	低瓦斯矿井
通顺公司	C、P	YM	2、4、8、9	5.82	低瓦斯矿井
万年矿	C、P	WYM	2、4、6、7、8、9	11.13	低瓦斯矿井
申家庄矿	C、P	FM	2、7、8、9₋₂	13.97	低瓦斯矿井

4.2.2　区域构造演化

　　峰峰矿区隶属太行山断裂带,矿区构造受控于区域构造演化,先后经历了印支期、燕山期和喜马拉雅期等多次构造运动,在多期构造运动的作用下,区内主要构造线呈 NE—NNE 向。其中燕山期和喜马拉雅期对矿区构造格局影响最大,断裂构造及岩浆岩发育。峰峰矿区构造形成及演化大致分为以下几个阶段:

　　(1)印支期:近 SN 向挤压,煤系开始后期改造进程(图 4-2)。在由南北板缘传递而来的较弱的近南北向挤压力作用下,本区自

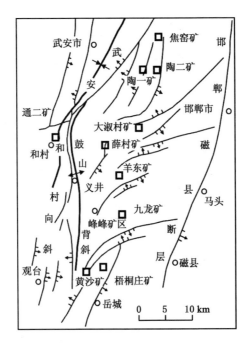

图 4-6　峰峰矿区构造纲要图(据文献[205],修改)

晚三叠世起,整体表现为区域性抬升、剥蚀为主,构造变形不甚强烈,并开始进入煤系后期改造的历程。煤田勘探和矿井生产中揭露的轴向近 EW 向的小褶皱、小型走滑断层等小型构造均是本期构造运动的产物。此期 NE、NW 向断裂尚未形成,此时的含煤沉积地层是一个泄气通道不发育的完整沉积块体且煤层埋深又大,因而使早期产出的气体大部分得到暂时保存。

(2)燕山早—中期:受 NW—SE 向挤压作用,该期应力作用奠定了煤田构造格架的基础(图 4-3)。中国东部中生代以来最强烈的挤压构造应力场即中生代晚期的 NW—SE 向挤压,期间太平洋—库拉板块向西北俯冲于华北板块之下,因俯冲带不断消融使地温升高而造成地幔上拱,使其东部变为活动大陆边缘。太行山深断裂表现异常活跃,太行山区开始慢慢崛起,地壳上升导致地层不断遭受剥蚀。伴随燕山运动的加剧,挤压应力不断增强,塑性较强的沉积盖层形成轴向 NE 的褶皱与其配套的 NNW 和 NNE 向两组断裂构造,并在 NW 向挤压应力和地幔上拱的联合作用下,导致在应变部位发育了大规模 NE—NNE 向断裂,并伴随有大量岩浆侵入活动。受基底构造带控制,NNE 向的太行山前断裂带在此期构造应力场中,具有左行走滑压剪变形性质,有利于瓦斯封存,且总体上构造对瓦斯具有保存作用。

(3)燕山晚期—喜马拉雅早期:在 NWW—SEE 向拉张作用下,煤田构造格架定型(图 4-4)。太行山东麓地区自白垩纪末以来,受 NW—SE 方向近水平拉张控制,发生大规模伸展滑脱作用,在此应力场作用下,NNE 向和 NE 向压性断层均发生构造反转,早期逆断层位移消失殆尽,且太行山区在深部挤压、浅部伸展控制下快速隆起,此时 NE 向断层成为主要的泄气通道,瓦斯得到大量的释放。

(4)喜马拉雅晚期—现今:近 EW 向拉张作用成为煤田构造的现代活动(图 4-5)。太行山东麓地区新近纪以来经历 NW—SE 向和 NWW—SEE 向拉张,峰峰矿区内 NNE 向和 NE 向正断层活动得到进一步强化并具有右行走滑性质,断层周围一定范围内瓦斯得到了排放,并对矿井水文地质条件、瓦斯聚集产生一定的影响。

4.2.3　构造演化对煤层瓦斯生成与逸散的控制

峰峰矿区石炭—二叠纪煤层在印支期埋藏与生烃作用较为均一,而煤的煤质变化、埋藏深度乃至瓦斯赋存特征等发生差异主要受控于燕山期的岩浆作用。由于燕山期岩浆活动在区域上的差异性,从区域分析可知,邯邢地区的岩浆侵入中心主要位于武安—永年一带(图 2-9),特别是永年西部的紫山岩体,导致本区石炭—二叠纪煤层由该带分别向南、北变质程度逐渐变低。峰峰矿区煤层变质总体由北而南,煤种由无烟煤(大淑村矿)渐变为肥—焦煤(梧桐庄矿),在构造控制下的埋藏—岩浆演化综合作用下,直接影响了煤层瓦斯的赋存。归纳起来,峰峰矿区煤层的埋藏—生气(瓦斯)与煤中瓦斯赋存特征大致可分为 2 种类型:大淑村矿和梧桐庄矿型。

4.2.3.1 大淑村矿型

该类型是峰峰矿区的主要类型,表现为受区域地质构造演化的控制,石炭—二叠纪煤层主要经历了二次埋藏过程,主采煤层的埋藏曲线大致呈"W"形,其间煤中有机质经历了两次生气历程和瓦斯逸散过程,如图 4-7 所示。

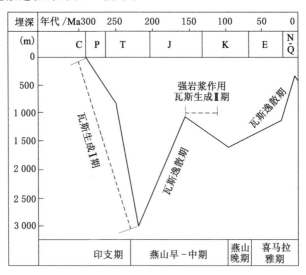

图 4-7　峰峰矿区煤层的埋藏—生气—逸散历程示意图

受三叠纪沉积(当地沉积厚度约 2 200 m)控制,大约到中三叠世末,二叠纪煤层达到最大埋深,约 3 000 m,煤层受热温度达 105 ℃,到该期末煤级达到气煤阶段(镜质组反射率达到0.7Ro%),

煤中产生大量 CH_4（第一次生气），生成的 CH_4 绝大多数逸散到围岩中，并进一步散失，少部分则主要呈吸附态被保留在煤层中，而后，受印支运动影响，地壳抬升，煤层埋藏明显变浅。到燕山中—晚期，地壳又一次下沉，煤层埋藏变深，到早白垩世末，煤层埋深虽不足 2 000 m，但由于受燕山期广泛、强烈的岩浆作用，引起区域性古地温异常，有些甚至直接侵入到煤层中，导致煤层的受热温度普遍增高，煤层发生大规模的变质作用，煤层到达了无烟煤阶段（镜质组反射率达超过了 3.0Ro％），并产生了大量的瓦斯，一部分被煤层吸附，而大部分则逸散掉。

但进入喜马拉雅期，特别是晚近时期，伴随着太行山强烈隆升，峰峰矿区地壳持续抬升，煤层埋藏不断变浅，并发育了大量开放性正断层，不利于瓦斯的保存，使原先吸附的瓦斯逐渐散失。

4.2.3.2 梧桐庄矿型

该类型在峰峰矿区相对较少，主要集中在受岩浆作用较小的矿区西南部，以梧桐庄矿为代表。表现为受区域地质构造演化的控制，煤层主要经历了二次埋藏过程，其埋藏曲线大致呈"W"形，其间煤层经历了两次生气过程和两次瓦斯逸散历程，如图 4-8 所示。煤中产生大量 CH_4（第一次生气），生成的 CH_4 绝大多数逸散到围岩中，并进一步散失，另一部分则主要呈吸附态被保留在煤层中，而后，地壳抬升，煤层埋藏变浅，在此过程中煤层中瓦斯进一步被逸散。

但在燕山期，随着 J_3—K_1 沉积，煤层又一次埋深，虽其煤层的埋深不如印支期，埋藏深度不足 2 000 m，但由于区域岩浆作用，当时地温梯度虽较大淑村矿等地偏低，但煤层的受热温度仍较印支期高，接近 140 ℃左右，煤层发生进一步变质，达到肥煤阶段（镜质组反射率达到 1.1Ro％左右），煤层又一次发生生气作用，煤层中的瓦斯得到补充，但随后地壳被抬升，瓦斯又一次被逸散，特别是喜马拉雅期，太行山强烈隆升，导致邢台矿区地壳持续抬升，煤层埋藏普遍变浅，并发育了大量的开放性正断层，加之地下水的径流，导致煤层

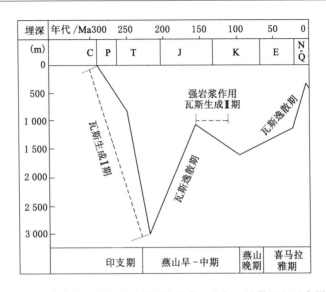

图 4-8 峰峰矿区梧桐庄矿煤层的埋藏—生气—逸散历程示意图

中原先吸附的瓦斯大量散失,不利于煤中瓦斯的保存,致使煤层瓦斯含量普遍偏低,因此,矿井瓦斯涌出量也明显较小。

纵观峰峰矿区各矿井瓦斯赋存特征,受构造演化的控制,区域瓦斯分布存在明显的差异性。由于地壳抬升的不均一性和构造作用的差异性而导致沿鼓山背斜两侧煤层中瓦斯赋存条件存在明显的差异。背斜西侧,受后期地壳抬升、正断层十分发育、水文条件复杂等影响,矿井瓦斯涌出量普遍相对偏低,而背斜轴东侧,构造相对简单、水文条件简单等因素而使矿井瓦斯涌出量明显较高;但背斜东侧,由北向南,随着煤层受岩浆岩的影响的降低、水文条件的复杂程度增加,其煤矿瓦斯涌出量也呈明显的降低趋势。

4.2.4 地质构造对瓦斯赋存的影响

在峰峰矿区地质构造对瓦斯分布以及煤与瓦斯突出有显著的控制作用。矿区地质构造不仅造成瓦斯分布不均衡性,同时形成了瓦斯储存或瓦斯排放的有利条件。不同类型构造在其形成过程中由于构造应力场及其内部应力状态的不同,而导致煤层及其盖层的产状、结构、物性、裂隙发育状况和地下水径流条件等出现差异,从而影响煤层瓦斯赋存。主要表现在以下几个方面:在煤化变质作用过程中,构造运动可以促进瓦斯的生成;在煤田演化过程中,构造运动可以形成有利于瓦斯聚集或者逸散的构造,构造作用可以改变煤体的结构、性质;构造应力场控制了瓦斯的运移,构造应力集中为煤与瓦斯突出提供有利条件。

4.2.4.1　断裂构造对瓦斯赋存的控制

断裂构造是峰峰矿区的主要构造形式,根据煤田地质勘查及生产过程中总结的资料,NNE 及 NE 走向断层最发育,NWW 向次之,将煤系分割成若干地堑、地垒及阶梯状单斜断块组合等构造形态。断裂构造以正断层占绝对优势,勘探及开采过程中极少发现逆断层,断层具有多期活动性表现,多为压扭性逆断层,"S"形的断层平面组合反映出扭动走滑特点。

峰峰矿区煤系形成后经历了多期构造运动,被断裂切割成一系列断块,从而改变了矿区煤层原有的埋藏状况和盖层封闭条件,均不同程度对瓦斯保存条件起到了改造作用。鼓山西侧,和村—孙庄向斜东部由于鼓山大断层切割,含煤地层与奥灰岩相对接,地下水带走了部分瓦斯,煤层埋藏较浅,大多数矿都位于煤层风化带范围之内,瓦斯很小。鼓山背斜以东为单斜构造,煤层埋深大,构造以断裂和断块为主,断块四周被断层所围限,周边断层均为正断层,断块内部构造简单。在周边断层附近,瓦斯沿着断层逸散,瓦斯含量往往相对较低,在断块中部,瓦斯保存条件较好,瓦斯随着埋深增大稳定增高,薛村、羊渠河、大淑村等井田大断层周边多是这种情况。

断裂构造的力学性质不同,对瓦斯赋存的影响不同。压性结构面及其附近,岩层受到挤压,围岩的透气性降低,有利于瓦斯的保存,所以压性断裂往往造成断层附近瓦斯易聚集,压性结构面及其附近产生和保存的瓦斯量要比张性结构面多,在远离断层带的一定范围内,瓦斯含量相对较低。

张性断裂成为瓦斯逸散的通道,断裂面附近瓦斯含量相对较低。大中型张性断裂且煤层埋藏深度在 300 m 之内时,该张性断裂是释放瓦斯的良好通道。特别是含水张性断裂,除断裂透气外,水体流动也带走瓦斯,有的还扩展通道,利于瓦斯释放。

小断层附近往往是瓦斯局部富集的区域。小断层往往造成附近煤体严重破坏,煤层透气性大大降低,同时由于断距小,延伸短,不容易与地表连通,形成良好的瓦斯储存环境,是井田内局部瓦斯富集的重要因素。在较大断层尖灭及分岔处,如薛村矿 92501 工作面外部在 F_9、F_7、F_{13}、F_{18} 断层尖灭及分岔处形成了若干条 $1 \sim 5$ m 落差的小断层,坚固性系数降低,随着破坏程度增大裂隙也增多,故而瓦斯储存量大。

4.2.4.2 褶曲构造对瓦斯赋存的控制

峰峰矿区构造格架受中部的太行山余脉鼓山隆起带控制,这是矿区内最大褶皱,为一复背斜构造。鼓山背斜以东总的来看为单斜构造,但发育着斜裂式的次一级的小型背向斜,并呈规律地分布在各井田之中。主要包括:牛薛穹隆,五矿背斜,一矿穹隆,大峪背斜;再向东由北至南有:薛村向斜,小屯穹隆,牛儿庄向斜等。鼓山复背斜两翼的背向斜,除和村—孙庄向斜随鼓山山势从北部向南由 NE—NW—NNE—NW 转动外,其他的背向斜的轴向同样以倾伏端向东摆动,而东南端恰与之相反。排列以 NNE 及 NE方向,大致呈雁行排列形式,成行成列地分布在矿区(图 4-6)。

鼓山复背斜与九山之间,为和村—孙庄向斜,它有许多小型椭圆形向斜呈串珠状连接起来,并在它们的两翼发育着成排成列的背向斜构造。向斜构造东翼有彭城向斜、街王庄背斜、界城背斜、西翼有大沟港背斜、王看背斜、王风向斜,向西又有胡村背斜、南山背斜、三合背斜、都党背斜、观台向斜。

峰峰矿区褶皱与瓦斯赋存之间有如下规律:宽缓向斜两翼发育轴向正断层时,翘起端瓦斯较轴部更容易富集,不对称向斜缓翼瓦斯高于陡翼。煤层埋藏较深时,背斜和向斜核部均有利于瓦斯赋存。顶板封闭条件良好时,向斜构造的煤层瓦斯沿垂直地层方向运移比较困难,大部分瓦斯仅能沿两翼流向地表,但在向斜两翼含煤地层暴露面积大时,则便于瓦斯排放。构造演化致使鼓山西侧基岩大面积出露,煤层埋藏较浅,且西部煤层较大范围露头,因此和村—孙庄一带的矿井大都处于风化带上,鼓山西侧瓦斯含量小。

香山向斜位于薛村井田七盘区,为构造盆地。井田内轴向延展长度1 500 m,宽幅750 m,北部轴向近SN,向南轴向转为NE—NNE向。向斜西翼倾角5°～8°,东翼倾角7°～35°,受断层影响局部达40°,两翼极不对称。

背斜轴部岩层处于拉张引力状态,通常封闭性差导致瓦斯的释放,但是当煤层顶板岩石透气性差,且轴部拉张引力强度不够未遭构造破坏时,背斜有利于瓦斯的储存,是良好的储气构造,背斜轴部的瓦斯会相对聚集,瓦斯含量增大。如薛村井田南旺背斜位于井田东深部,轴向NNE,背斜西部仅有一小断层切割,轴部泥岩厚度大,封闭性较好,根据工作面回采期间从背斜南翼到北翼斯涌出量数据,绘制成曲线图4-9,背斜轴部瓦斯涌出量较两翼大,且轴部应力集中。

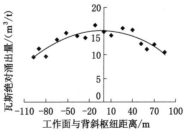

图 4-9　工作面过南旺背斜瓦斯涌出量变化图[236]

4.3 邯郸矿区瓦斯赋存的构造控制

4.3.1 矿区构造特征

邯郸矿区发育石炭—二叠纪煤层,主要生产矿井 6 对,分别为临漳矿、亨健矿、陶一矿、云驾岭矿、郭二庄矿、陶二矿,其中陶二矿为煤与瓦斯突出矿井,临漳矿、亨健矿、陶一矿为高瓦斯矿井,云驾岭矿、郭二庄矿为低瓦斯矿井(表 4-2)。

表 4-2　　　　　　邯郸矿区各矿井概况

矿井	含煤地层	煤质	主采煤层	绝对瓦斯涌出量 /(m³/min)	鉴定等级
陶二矿	C、P	WYM	2、6、8、9	22.2	突出矿井
临漳矿	C、P	中变质 WYM	2、4、6、7	11.76	高瓦斯矿井
亨健矿	C、P	WYM	2、4、6	10.76	高瓦斯矿井
陶一矿	C、P	高变质 WYM	2、8、9	11.47	高瓦斯矿井
云驾岭矿	C、P	高变质 WYM	1、2、4、6	9.68	低瓦斯矿井
郭二庄矿	C、P	高变质 WYM	2、9	6.709	低瓦斯矿井

邯郸矿区位于太行山构造带东侧,处于华北断块区吕梁—太行断块太行山断裂带影响范围内,西起元古界—下古生界露头区,东至邯郸—磁县断裂,属于典型的板内构造。矿区属于伸展构造类型的煤田,沉积盖层挤压变形较微弱,褶皱宽缓,断裂构造发育,断裂—断块组合构成本区基本构造轮廓[237]。

矿区主体构造线方向呈 NNE—NE 展布,控制矿区构造格架的大型褶皱为鼓山—紫山背斜。北段紫山背斜轴向 NNE,南段鼓山背斜轴向近 SN,向南倾伏并偏转为 SSE,背斜轴迹平面展布呈拉长的"S"形。鼓山—紫山背斜将矿区分为东西两部分,西侧为武安—和村向斜,东侧为向 SEE 缓倾的单斜,在此基础上发育极为宽缓的小型褶曲。矿区内部断裂构造密集,NNE 及 NE 走向断层最发育,NWW 向次之,不同走向的断层相互切错,将煤系分割成若干小型地垒、地堑及阶梯状单斜(掀斜)断块组合等构造形态,如图 4-10 所示。区域断裂构造发育,以正断层为主,多数为压扭性正断层,断层平面组合为"S"形。

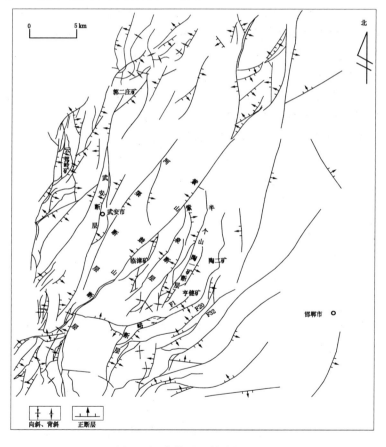

图 4-10　邯郸矿区构造纲要图

4.3.2　区域构造演化

邯郸矿区构造演化受控于区域构造演化,先后经历了印支期、燕山期和喜马拉雅期等多次构造运动,其中燕山期和喜马拉雅期对矿区构造格局影响最大。在多期构造运动的作用下,区内主要构造线呈 NE—NNE 向。邯郸矿区构造形成及演化大致分为以下几个阶段:

(1)印支期:晚古生代煤系形成后受 SN 向挤压力作用,本区在晚三叠世大面积抬升遭受剥蚀的基础上,发生不甚强烈的构造变形,进入煤系后期改造的过程。该期构造变动包括 NW—SE 向和 NE—SW 向两组共轭剪节理及其小型走滑断层,煤田勘探和矿井生产中揭露的轴向近 EW 向的小褶皱等小型构造。区内基底岩系存在有东西向断裂破碎带,其成因可能与印支期南北向挤压有关,在后期构造应力场中重新活动(图 4-2)。

(2)燕山早—中期:在 NW—SE 向挤压作用下,本区形成 NNW 向、NWW 向共轭剪切构造和 NE—NNE 向压性构造,构成矿区主体构造格架的鼓山—紫山背斜于此期形成。受基底构造带控制,NNE 向的太行山前断裂带成分在此期构造应力场中,具有左行走滑压剪变形性质(图 4-3)。

(3)燕山晚期—喜马拉雅早期:受 NW—SE 方向近水平拉张控制,NNE 向和 NE 向压性断层均发生构造反转,早期逆断层位移消失殆尽,形成正断层控制的断裂断块整合。NNE—SSW 向断层走向与伸展应力方位有一夹角,因而具有右行张扭性质,矿区断层组合具有的舒缓"S"形展布的特征与此期应力场方位有关(图 4-4)。

(4)喜马拉雅晚期—现今:受 NW—SE 向和 NWW—SEE 向拉张,矿区内 NNE 向和 NE 向正断层活动得到进一步强化并具有右行走滑性质,断层周围一定范围内瓦斯得到了排放,近东西向基底断裂带可能重新活动控制盖层变形,从而影响矿井水文地质条件、瓦斯聚集等开采地质因素(图4-5)。

4.3.3　构造演化对煤层瓦斯生成与逸散的控制

由于构造背景、构造位置、沉积过程及后期构造演化几乎一样,邯郸矿区石炭—二叠纪煤层的埋藏—生气历程相对较均一,与峰峰矿区一致。表现为受区域地质构造演化的控制,石炭—二叠纪煤层主要经历了二次埋藏过程,主采煤层的埋藏曲线大致呈"W"形,其间煤中有机质经历了两次生气历程和瓦斯逸散过程(图4-7)。

4.3.4　地质构造对瓦斯赋存的影响

地质时代含煤建造形成以后经历了漫长的时间,并发生了多次构造活动,后期的构造活动对它们普遍进行了不同程度的改造,由于成煤时期先后有别,构造运动因地而异,因而瓦斯在煤田分布状况、形态特征、赋存条件等方面均表现出很大的差别。在邯郸矿区影响瓦斯分布以及煤与瓦斯突出的因素中,地质构造的控制作用显著,其中断层较为发育,是主要的影响因素。

4.3.4.1　断层对瓦斯赋存的影响

矿区内 NE 及 NNE 向断层最发育,在局部范围内对煤层的瓦斯起主要控制作用,在 NE 及 NNE 向大中型断裂附近,形成有利于瓦斯逸散的条件,瓦斯得到不同程度的逸散,使得大中型断层附近一定范围内,瓦斯含量、瓦斯涌出量和煤层瓦斯压力相对较低。如亨健矿井范围内以 NE、NNE 向的大型正断层为主,其中 F_1、F_8、F_{12} 为边界断层,F_{10}、F_{13}、F_{18}、F_{19}、F_a 在井田范围或贯穿或有较大的延伸。F_1、F_8、F_{12} 断层都处在井田边界地带对矿井的开采影响不大,由于落差大,邻近断层的煤层瓦斯含量会有不同程度的降低,其中在 F_{12} 断层附近－190 m 北翼专用回风巷和 2301 下运输巷测得的瓦斯含量偏低,是由于 F_{12} 断层的释放作用所致。F_{10}、F_{13}、F_{18}、F_{19}、F_a 断层把井田切割成几个小型的地堑、地垒和阶梯状块段,见图4-11,造成了瓦斯分布的不均衡性,处于地垒的煤层瓦斯含量相对较低,处于地堑的煤层密封条件好,瓦斯含量相对较高。

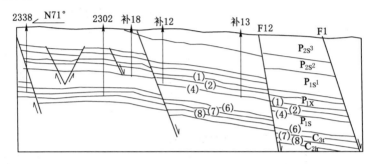

图 4-11　亨健矿井第 8 勘探线剖面图

另外,大中型断裂构造的发育程度控制着矿区瓦斯的分区、分带特征。以鼓山—紫山背斜为界,背斜的西翼云驾龄煤矿和郭二庄煤矿为低瓦斯矿井,东翼的临漳煤矿、亨健煤矿和陶一煤矿、陶二煤矿为高瓦斯、突出矿井。原因之一就是由于西翼大中型断裂较为发育,将井田切割成地堑、地垒和阶梯状断块,且部分通达上覆基岩不整合面,有利于瓦斯的释放,造成断层附近,特别是大断层附近,煤层瓦斯含量普遍降低,在 NNE 向大型断层附近形成一定范围的瓦斯排放带。

4.3.4.2　褶皱对瓦斯赋存的影响

矿区内褶曲不发育,褶曲对瓦斯赋存影响较小,但在局部褶曲发育地段,影响着瓦斯局部变化。如临漳井田主要受东洞背斜、粟山向斜的控制。东洞背斜、粟山向斜对临漳煤矿瓦斯赋存有着非常明显的控制作用,混合井一带、轨道下山和胶带下山等处于粟山向斜较宽缓的北翼,根据实测数据显示,2 号煤层北大仓附近瓦斯压力达到 1.05 MPa,见图 4-12,表明粟山向斜轴部和宽缓的翼部有利于瓦斯的保存,在这些区域,瓦斯含量和涌出量相对较大。同时,胶带下山、轨道下山和疏水巷一带也处于粟山向斜、东洞背斜相连接的弧形拐角处,煤层经过强烈的构造形变,属于构造应力集中带,该带内有利于瓦斯的保存。

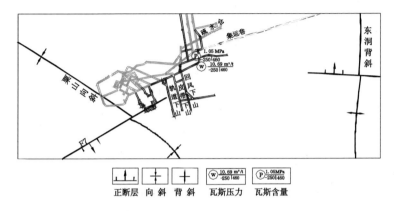

图 4-12　褶皱和瓦斯含量的关系示意图

4.4　邢台矿区瓦斯赋存的构造控制

4.4.1　矿区构造特征

邢台矿区主要由 NE 向分布的 6 对生产矿井和东庞矿组成,包括显德旺矿、葛泉矿、东庞矿、邢台矿、邢东矿、章村矿,均为发育石炭—二叠纪煤层的低瓦斯矿井,如表 4-3 所示。

邢台矿区位于太行山断裂带东部,所处块由赞皇隆起和武安断陷组成,煤田内褶皱构造主要分布在近东西向的隆尧南正断层以南至沼河一线。轴向 NNE,与大断层走向平行展布的背、向斜为煤田内主要褶皱构造,延伸较长,形态清晰,EW 和 NW 向褶皱规模小,断续出现,如图 4-13 所示。地层倾角比较平缓,一般为 $10°\sim20°$,局部可达 $30°$ 左右。

表 4-3　　　　　　　　　邢台矿区各矿井概况

矿井	含煤地层	煤质	主采煤层	绝对瓦斯涌出量 /(m³/min)	鉴定等级
东庞矿	C、P	YM	1、2	4.75	低瓦斯矿井
邢台矿	C、P	JM、QFM	2、5	2.33	低瓦斯矿井
显德汪矿	C、P	WYM、P	1、2、5	3.51	低瓦斯矿井
葛泉矿	C、P	WYM、YM	2、5、9	6.78	低瓦斯矿井
邢东矿	C、P	QM、FM	2、6、9	6.85	低瓦斯矿井
章村三井	C、P	WYM	9	10.78	低瓦斯矿井
章村四井	C、P	WYM	2	26.8	低瓦斯矿井

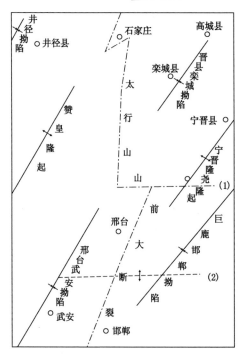

图 4-13　邢台矿区构造背景

1——隆尧南正断层；2——曲陌镇背斜

邢台矿区构造都较为复杂,褶皱断层发育,分布广泛,由于受到燕山期的 NW—SE 挤压,从而形成了小型的 NW 向褶曲及配套的 NW 向断裂。继燕山运动之后,以太行山山前断裂为界,以东拉伸下沉,以西拉伸上隆。邢台矿区位于上隆区边缘,受NW—SE 方向拉伸应力,导致矿区内断层以正断层为主,且以 NE 方向的断层最为发育。进而构成一系列不同级别的地堑、地垒和阶梯状单斜断块。

区域地层产状为一向 SE 倾斜的单斜构造,倾角为 5°～25°,被北东向高角度正断层切割和断拗的作用,使井田内形成了一系列的地堑—地垒、小型褶曲、小型盆地等复杂构造,破坏了含煤地层的连续性,派生了许多以斜列式为主的小型正断层,一般落差在 10 m 左右,严重影响煤层开采。高角度正断层延伸方向各部位落差明显错距不一,一般从山麓伸向平原,断距趋向变大,上、下盘对应垂直错动,平移现象不明显,倾向也不一。本区构造的成因在时间上都与燕山期运动太行隆起带为同一时期的产物,其构造的加剧程度又为喜马拉雅运动所造成。

4.4.2　区域构造演化

自石炭—二叠纪煤层形成以来,经历了多期构造运动,导致河北省地质构造的复杂化,研究表明,邢台矿区至少经历了海西—印支期、燕山早—中期、燕山晚期—喜马拉雅早期和喜马拉雅晚期—现今等四期构造应力场的更替,形成了复杂的构造格局。

(1)海西—印支期(图 4-2):受区域构造应力的影响,邢台矿区承受了近 SN 向挤压构造应力场,但构造作用表现得不明显,仅形成部分宽缓的褶皱。

(2)燕山早—中期(图 4-3):该期构造变形是石炭—二叠纪煤层形成后在华北板块内变形最强烈的一次,上层地壳被大规模缩短,褶皱与断裂普遍发育。这一时期,在邯邢煤田中部形成 NNE 向复式褶皱,表现为中关背斜、下关—朱金子向斜,同时发育有

NNE 向、NE 向断裂构造,如图 4-14 所示。

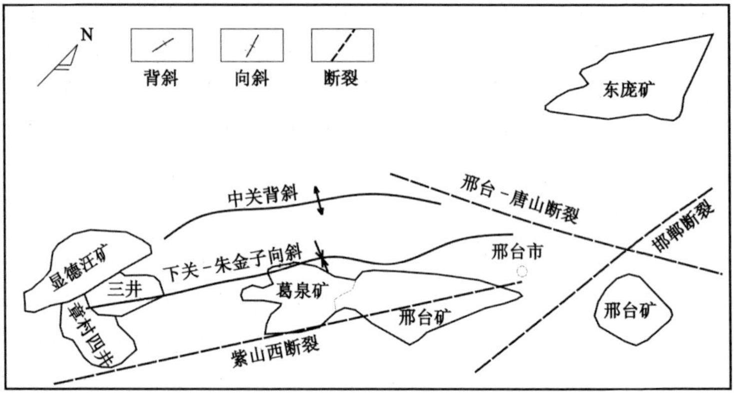

图 4-14   邢台矿区构造纲要图

(3) 燕山晚期—喜马拉雅早期(图 4-4):随着太行山发生强力隆升作用,位于太行山东侧的邢台矿区局部处于近东西向的伸展环境,邢台矿区石炭—二叠纪煤层不仅被大幅度地抬升,埋藏变浅,同时,还发育了大量平行于太行山山前断裂的走向 NE 的正断层,煤层中的瓦斯得以大幅度地逸散;本期区域性的岩浆活动,使煤层的变质程度发生区域性差异,整体而言,从北东向南西,矿区受岩浆作用逐渐增强,煤层的变质程度也逐渐增高煤变质程度的增高也补充了煤中瓦斯的来源。

(4) 喜马拉雅晚期—现代(图 4-5):该期应力场对邢台矿区的地质构造影响有限,伴随着太行山大幅度的隆升,邢台矿区仍以抬升剥蚀为主,仅有少量的第四纪沉积作用,石炭—二叠纪煤层埋藏较浅,加之开发性断层较大,地下活动频繁,瓦斯相对容易逸散,所以,矿区煤层的整体瓦斯含量相对较低。

4.4.3   构造演化对煤层瓦斯生成与逸散的控制

邢台矿区石炭—二叠系煤层在印支期埋藏与生烃作用较为均

一,而煤层发生差异主要受控于燕山期的岩浆作用,而燕山期岩浆作用对邢台矿区煤层的影响由 SW 向 NE 呈减弱的趋势,也导致煤层的煤质上的差异,由显德汪矿的无烟煤到邢东矿的低—中变质烟煤,直接影响了煤层瓦斯的赋存。归纳起来,邢台矿区煤层的埋藏—生气(瓦斯)与煤中瓦斯赋存特征大致有 2 种类型:显德汪矿型和邢东矿型。

(1) 显德汪矿型

该类型是邢台矿区的主要类型,表现为受区域地质构造演化的控制,石炭—二叠纪的煤层主要经历了二次埋藏过程,主采煤层的埋藏曲线大致呈"W"形,其间煤中有机质经历了两次生气历程和瓦斯逸散过程(图 4-15)。

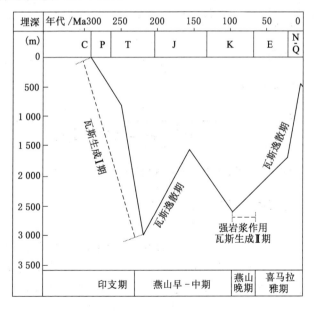

图 4-15　显德汪矿煤层的埋藏—生气—逸散历程

（2）邢东矿型

该类型在邢台矿区的相对较少,主要集中在受岩浆作用较小矿区北东部,以邢东矿为代表。表现为受区域地质构造演化的控制,煤层主要经历了二次埋藏过程,其埋藏曲线大致呈"W"形,其间煤层经历了两次生气过程和两次瓦斯逸散历程(图 4-16)。

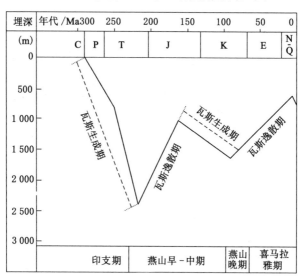

图 4-16　邢台矿区邢东矿煤层的埋藏—生气—逸散历程

4.4.4　地质构造对瓦斯赋存的影响

4.4.4.1　断层对瓦斯赋存的影响

邢台矿区断层基本都是正断层,不利于煤层瓦斯的保存,对瓦斯均有不同程度的释放作用,是矿区瓦斯含量较低的主控因素。例:葛泉井田断层构造十分发育,断裂构造格架为 NE 向阶梯式不对称地堑。葛泉矿发育的大中型断层,基本皆属于张性正断层,不利于煤层瓦斯的保存,对瓦斯均有不同程度的释放作用。位于一采区中央的 F_{117} 正断层,为一落差 31 m 的大型断层,处于该断层两侧的 1128、1127 及 1125 等工作面,在进入距断层面约 50～60 m 的影响带时,瓦斯涌出量开始明显下降,一般较正常地段平均低 30%～50%。

4.4.4.2 褶皱对瓦斯赋存的影响

邢台矿区褶皱构造不是很发育,仅发育部分宽缓褶曲和复向斜,如葛泉矿 2# 煤南翼 1525 运输巷就过一个次级向斜轴部,该次级向斜轴部煤层埋深大、局部应力集中、小构造发育,从而导致局部煤层瓦斯含量及可解吸瓦斯量明显增大,如图 4-17 所示。

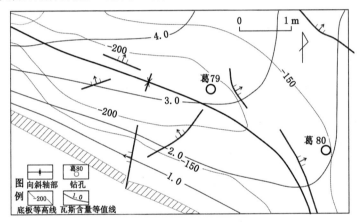

图 4-17　葛泉矿向斜与瓦斯含量等值线图

4.5　小　　结

（1）太行山东麓构造以 NE 向的大、中型褶皱为主体,呈雁行式排列,与褶皱相伴的还有大量 NE 向和 NW 向断裂,大型褶皱平行排列控制研究区的构造形态。自石炭—二叠纪煤层形成以来,太行山断裂至少经历了海西—印支期、燕山早—中期、燕山晚期—喜马拉雅早期和喜马拉雅晚期—现今四期构造应力场的更替,导致了地质构造的复杂性。

（2）峰峰、邯郸、邢台等矿区构造受太行山隆起及山前断裂带的控制,鼓山—紫山背斜为控制矿区构造格架的大型褶皱。在多期构造运动的作用下,区内主要构造线呈 NE—NNE 向,其中燕山期和喜马拉雅期对矿区构造格局影响最大。

（3）峰峰、邯郸、邢台等矿区石炭—二叠纪煤层在印支期埋藏与生烃作用较为均一,而煤的煤质变化、埋藏深度乃至瓦斯赋存特征等发生差异主要受控于燕山期的岩浆作用。主采煤层的埋藏曲线大致呈"W"形,其间煤中有机质经历了两次生气历程和瓦斯逸散过程。

（4）峰峰矿区煤层的埋藏—生气（瓦斯）与煤中瓦斯赋存特征大致可分为 2 种类型:大淑村矿和梧桐庄矿型;邯郸矿区石炭—二叠纪煤层的埋藏—生气历程相对较均一,与峰峰矿区一致;邢台矿区煤层的埋藏—生气（瓦斯）与煤中瓦斯赋存特征大致有 2 种类型:显德旺矿型和邢东矿型。

5 燕山断褶带瓦斯赋存的构造控制

5.1 区域构造演化及其控制特征

5.1.1 区域地质背景

根据地层的总体展布,燕山地区可划分为北部的宣化、承德复向斜带,中部的马兰峪复背斜带和南部的京西复向斜带,它们呈NNE—SWW 向展布[238]。燕山山脉断裂构造主要有两组方向,即近 EW 向和 NNE 向。近 EW 向的断裂构造主要有丰宁—隆化断裂和尚义—平泉断裂等[239]。区内分布兴隆、宣下、张北、开滦等重要煤矿区,主要含煤地层为石炭—二叠纪煤层和侏罗纪煤层。中生代岩浆活动强烈,且活动的时空分布主要受 EW—NNE 向构造体系的控制,岩性复杂。

5.1.2 区域构造演化特征

燕山地区现今的构造、地貌景观,是在漫长的地质历史时期经历了长期的建造、改造过程而形成的。四期构造应力场的更替,形成了复杂的褶皱、断裂及岩浆岩侵入等地质构造格局。中新生代的构造运动是燕山地区主要的造山作用期。

(1)海西—印支期:本区构造主应力场方向为 SN 向挤压作用,形成了鹰手营子倒转向斜,使北部地层向南倾斜,在向斜形成的同时,南北向的挤压应力造成了几条东西向的压性断裂[238],包括康保—围场断裂、丰宁—隆化断裂、大庙—娘娘庙断裂、尚义—平泉断裂等,断层面均向南倾斜,除此之外尚有次一级的小构造产生,形成叠瓦式构造,如图 5-1 所示。

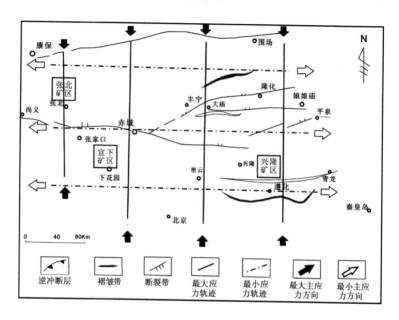

图 5-1　燕山地区海西—印支期构造应力场

（2）燕山早—中期:北部的基底隆起带持续稳定上升,南部燕山台褶带的北部产生数条东西向线状褶皱带,自北向南逐渐减弱,并且呈弧顶向南突出的弧形。发生于龙门期—九龙山期的早燕山构造幕是本区燕山运动的主要构造幕。构造主应力场为 NW—SE 向挤压。至早燕山期末,本区盖层褶皱主体完成,平泉—古北口断裂的大规模逆冲活动基本结束。该期是燕山造山带的形成阶段,构造变形强烈,从造山带后端至前缘,逐渐形成了兴隆、承德、大庙、隆化和围场等 5 条主干逆掩断层,其褶皱形态也从箱状褶皱转变为歪斜褶皱,如图 5-2 所示。在兴隆矿区、开滦矿区均有推覆构造发育,对含煤地层的影响较大,特别是对煤中瓦斯赋存具有控制作用。

（3）燕山晚期—喜马拉雅早期：在 NW—SE 方向的拉张构造应力作用,燕山区原先发育的断裂在该期拉张应力作用下发生反转,NNE 向、NE 向断裂表现出张扭性特征,并新生了一系列 NNE 向的正断层,如图 5-3 所示,对煤层中的瓦斯具有逸散作用,同时,由于深层地壳或地幔的调整,导致区域性的岩浆活动,在煤层深成变质作用的基础上,叠加了岩浆热变质作用。

（4）喜马拉雅晚期—现今:EW 向挤压应力场的影响,作用不明显,经受四期主应力场的作用,形成了当前构造格局,如图 5-4所示。

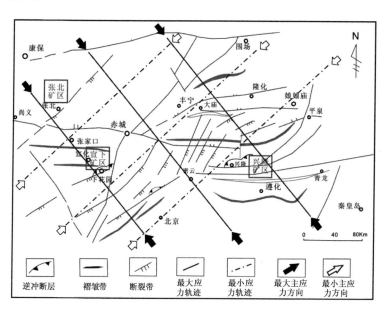

图 5-2　燕山地区燕山早—中期构造应力场

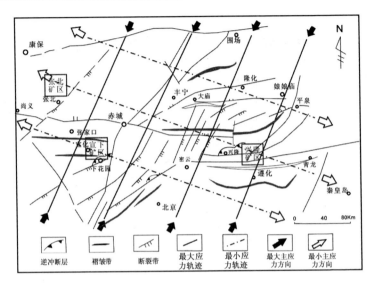

图 5-3　燕山地区燕山晚期—喜马拉雅早期构造应力场

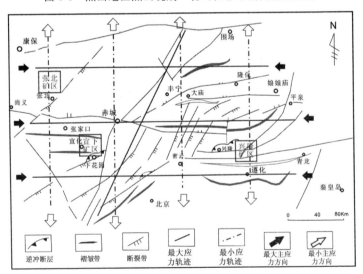

图 5-4　燕山地区近代构造应力场

5.2 张家口矿区瓦斯赋存的构造控制

5.2.1 矿区构造特征

张家口矿区位于张家口市,见图 5-5,大地构造位置处于华北陆块北缘,燕山台褶带内,由 4 对生产矿井组成,分别为宣东二号煤矿、牛西煤矿、涿鹿矿、康保张纪井田,其中宣东二号矿为煤与瓦

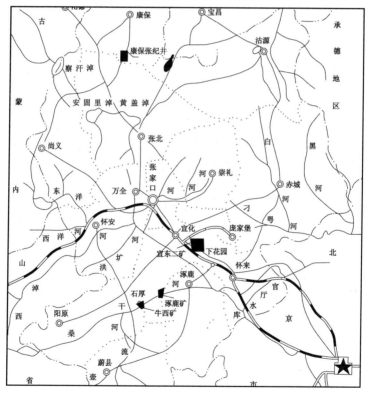

图 5-5 张家口矿区矿井位置图

斯突出矿井,其余3对为低瓦斯矿井,主要发育侏罗纪地层,如表5-1所列。

表 5-1　　　　　　　　张家口矿区各矿井概况

矿井	含煤地层	煤质	主采煤层	绝对瓦斯涌出量 /(m³/min)	鉴定等级
宣东二号煤矿	J	1/3JM	2	69.57	突出矿井
牛西煤矿	J	QM	8	1.06	低瓦斯矿井
康保张纪井	J	QM	5	2.23	低瓦斯矿井
涿鹿矿	J	QM	8	1.03	低瓦斯矿井

5.2.1.1　宣下矿区

宣下矿区宣化区域位于宣后向斜的西北翼。宣后向斜以其宽缓的褶皱和四周太古界及元古界地层大片出露为特征,并被其外围的黄羊山—鸡鸣山逆掩断层带、水泉—洗马林断裂、大河南—大海坨断裂和怀安—宣化断裂所围割,见图5-6、图5-7。

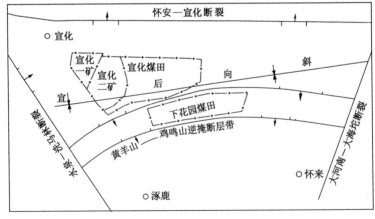

图 5-6　宣化—下花园煤田构造示意图

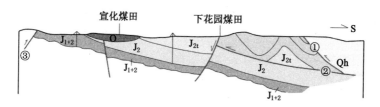

图 5-7 宣化—下花园煤田构造剖面图（据文献[218]，修改）
①——鸡鸣山逆冲断层；②——莲花山逆冲断层；
③——尚义—赤城—古北口断裂

　　宣化煤田的大地构造位置决定了其构造变形以及构造—岩浆活动具有长期性和多期次性的特点。在印支运动强大的近南北向挤压应力的作用下，形成了 EW 向线性褶皱带；在此基础上，燕山运动发生了强烈的构造变形、岩浆活动和动力变质作用，使得该区在构造活动及其方向、岩浆岩分布和地貌景观上与前期构造都有明显的差异。

　　宣化煤田和下花园煤田在成生时期属于同一个构造凹陷，同受阴山东西向构造系的控制，下花园组煤系沉积在印支运动所形成的东西向展布的构造凹陷中。该凹陷四周群山环抱，中心凸凹不平，在不断地夷平补齐过程中，局部存在短暂的聚煤作用，同时也使凹陷逐步平原化，发展成为统一的湖盆。在此时期，湖盆均衡下沉，气候温暖潮湿，为煤炭聚积提供了有利的场所和雄厚的物质条件，因此形成了全区较稳定的 V2 煤层。V2 煤层聚集后，盆地北缘下沉速度加快，并在 SN 向压应力作用下，形成了同沉积盆缘断裂——怀安—宣化断裂。该断裂的诞生，出现了以冲积扇为主的古地理景观，随着扇体的推进和后缩，该断裂控制了区内煤层分布，区内形成了诸多不稳定的煤层。下花园组煤系沉积之后，燕山运动第一幕终结了宣—下煤田的聚煤作用，并使煤田南升北降，南部煤系遭到剥蚀，北部沉积了九龙山组河流相砂砾岩和紫色沉积物，并伴以火山碎屑岩的堆积。在 SN 向应力作用下，形成了下花园背斜的雏形。九龙山组沉积末期,宣—下煤田整体沉降,燕山运动第Ⅰ幕活动强度加大,引发了强烈的岩浆活动,形成了髻髻山组火山岩的堆积。在火山活动的间歇期,沉积了河流相的砂砾岩等沉积物。之后,盆地进一步抬升,大区域遭受风化剥蚀,为后城组的沉积奠定了物质基础,在燕山运动第Ⅰ幕结束、第Ⅱ幕来临之际盆地发生沉降,沉积了后城组,以火山岩砾石为主的类磨拉石建造。随着燕山运动第Ⅱ幕活动强度的加剧,盆地改变了原来的垂直运动方式,SN向挤压应力进一步加大,使下花园背斜发生倒转,并逐渐发展成为逆掩断层,即黄羊山—鸡鸣山逆掩断层。燕山运动中晚期,在 SE—NW 向最大主压应力作用下,下花园煤田被推覆到后城组地层之上,与宣东二号煤矿分割成两个相互独立的煤田。同时,由于宣化—下花园煤田四周的 4 条断裂的围割,使煤田内部形成了相对独立稳定的块体。在四周山脉隆起时,保持了相对的稳定,才使得煤系得以保存。

5.2.1.2 张北矿区

张北矿区主要包括康保矿,为低瓦斯矿井,主要发育侏罗系煤层,位于忠义凹陷的东部边缘。忠义凹陷南、北界分别为 F_7 及 F_1 正断层。地层总体走向北东东,倾向南南西,基本上为一单斜构造。内部发育有 F_2、F_3、F_4、F_5 等几条北东东向规模较大的正断层,另外还有 F_6 等诸多的 NNE、NE 及 NW 向的次级小断层。它们均对煤系的保存起过不同程度的控制作用。

内蒙台背斜自早元古代末期结晶基底形成以来,一直处在正性隆起状态,因此使得元古界化德群被剥蚀殆尽,仅在局部残存。直到中侏罗晚期,由于受燕山运动的影响,而开始剧烈活动,使之刚性的基底发生断裂,并伴随有强烈的岩浆运动,基底古构造线主要为东西向,新生的构造线或继承老的构造线使其转向,或在老的构造线限制的范围内产生次级的 NNE 向及 NW 向的次级断裂。基底的古构造线控制了煤系沉积的总体走向,而内部的次级构造对地层厚度、岩相、含煤性等起了调节作用。这样就形成了盆地总体轴向近东西而内部有形成支离破碎的侏罗纪含煤盆地。忠义坳陷在盆地形成初期,与土城子坳陷是一体的,张纪井田位于盆地的北缘。

盆地形成之初,基底开始间歇性缓慢下沉,同时由于受北西向水平挤压,盆地内部开始形成次一级断裂,这就使得在这个支离破碎的大盆沉积土城子组下段时,虽在盆地的周缘普遍成煤,但又互不连续。由于基底下沉呈间歇性的"脉动",故在垂向序列表现为粗碎屑岩与细碎屑岩及煤层相间排列。此间地壳下陷速率总的趋势是逐渐加快的。

至沉积土城子组中段时,构造活动更加强烈,此期仅个别断块区的个别地段处于均衡沉积补偿状态,可以形成一些局部可采煤层。土城子组中段沉积之后,由于继续受北西向挤压,形成了兰城子凸起,F_7 剪切性正断层及 F_2、F_5 诸多次级断裂。兰城子凸起的形成使得盆地中心含煤地层受剥蚀,而南北周缘部的富煤部位则基本遭破坏,分别存在于忠义、土城子两个凹陷之中。

忠义凹陷内的构造以断裂为主,褶曲作用相对较弱,构造线主要有三个方向,即东西、北东、北西。北东及北西方向上的构造是在北西、南东方向的主压应力作用的结果。北东及北西方向上的断层应为张性的,北东方向的应属剪性(压扭性)的。而北东东向的则应是原东西的构造在北西向主压力作用下被改造转向的结果,而盆地内各断块之间及同一断块内部的差异运动则是基底上沉积物重量不一样产生的重力分异及各断块之间的相互倾斜作用造成的。

张北矿区位于忠义凹陷的东部边缘。该区域构造较为简单,岩浆活动较微弱,仅有燕山期的火山碎屑岩及正长斑岩。火山碎屑岩主要为流纹质晶屑凝灰岩,为侏罗系上统张家口组。正长斑岩侵入于煤系上部,产状为岩床(岩盘)。

5.2.2 区域构造演化

张家口矿区构造受燕山区构造演化控制,先后经历了海西—印支期、燕山早—中期、燕山晚—喜马拉雅早期和喜马拉雅晚期—现今等四期构造应力场作用,形成了现今复杂的褶皱、断裂及岩浆岩侵入等地质构造格局,进而影响了区内矿区构造特征、煤层展布及瓦斯赋存。

5.2.3 构造演化对煤层瓦斯生成与逸散的控制

张家口矿区主采侏罗纪的煤层,研究表明,受地壳运动的控制,张家口矿区的煤层埋藏历史,主要经历了 1 次埋藏—生气历史,如图 5-8 所示。

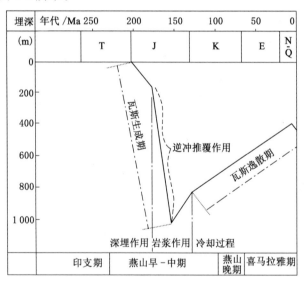

图 5-8 张家口矿区主煤层的埋藏—生气历史模式图

该矿井埋藏史相对较单一,煤层变质与生气主要受燕山期的推覆构造作用与岩浆活动控制。大约到中侏罗世末,主煤层埋藏超过了 1 000 m,由于广泛的岩浆活动,煤层的受热温度则达

80 ℃,到该期末煤级达到长焰煤阶段(镜质组反射率达到0.6Ro% 左右),煤中产生一定量的 CH₄,生成的 CH₄ 一部分逸散到围岩中,并进一步散失,另一部分则主要呈吸附态被保留在煤层中。而后,随着地壳抬升,煤层埋藏变浅,原先吸附的瓦斯逐渐散失,但由于上覆有较厚的火山碎屑岩(髫髻山组),对侏罗纪煤层中瓦斯具有较好的封闭性,导致张北、特别是宣下矿区煤层中的瓦斯积聚,矿井瓦斯涌出量相对较高。

5.2.4 地质构造对瓦斯赋存的影响

本矿区地质构造较为简单,区域内只有微小的褶曲和少量的正断层发育,对瓦斯赋存影响较小。张北矿区构造简单,盖层条件较差,瓦斯自然排泄条件好,构造特征对瓦斯影响较大,利于瓦斯的排放。因此,张北矿区的构造特征有利于瓦斯逸散,该区域整体瓦斯较小。

5.3 兴隆矿区瓦斯赋存的构造控制

5.3.1 矿区构造特征

兴隆矿区主要包括营子矿、汪庄矿,鑫发矿隶属兴隆矿务局,其中鑫发矿为高瓦斯突出矿井,主采煤层为中生界侏罗系下统下花园组,汪庄矿为高瓦斯矿井,营子矿为低瓦斯矿井,主要发育石炭—二叠纪煤层,如表 5-2 所列。

表 5-2   兴隆矿区各矿井概况

矿井	含煤地层	煤质	主采煤层	相对瓦斯涌出量 /(m³/t)	鉴定等级
鑫发矿	J	1/3JM	4	29.1	突出矿井
汪庄矿	C,P	PM,FM,JM	4、6	35	高瓦斯矿井
营子矿	C,P	WYM,PM	4、6	10.6	低瓦斯矿井

兴隆煤田处于大地构造折向变化的位置,地质构造相当复杂。就其整体来说,是一个规模巨大的倒转向斜,其两翼展布的宽度约 5~6 km,轴向近似 EW,由马圈子地区往东一直发展到门子沟长约 20 km。倒转向斜南翼由奥陶纪、寒武纪及部分震旦纪地层组成,岩层走向近似 EW,倾向南,倾角 50°~80°左右,岩层层序由北往南是由新到老,层序明显颠倒。

区内主要构造包括 EW 向逆冲断层、NE 向逆冲断层以及弧形展布和 SN 向排列的挤压构造。

EW 向逆冲断层:随着倒转向斜的发生和褶皱构造的加剧,EW 向的逆冲断层逐渐形成,其特点:在靠近煤田南部,处于褶轴部位附近的断层密度大,倾角陡,规模大,而距褶轴较远的煤田北部,冲断层密度相应减小,断层倾角变小,由于上述十数条规模不等的逆冲断层使含煤地层形成叠瓦式构造。这是兴隆煤田地质构造的主要特点,也是本区最为发育的一组压性结构面。

NE 向逆冲断层:在煤田西部的马圈子区域,NE 向的压性结构面甚为显著,主要由一群北东向冲断层和褶皱轴面组成,其走向一般在北 40°~50°东,方向很少变化。在这组结构面中最明显的是马圈子井田东南边界上的逆冲断层。这条断层向西南深入到平安堡的山区,往东北伸展十数公里。

弧形展布和 SN 向排列的挤压构造:在煤田东部汪庄矿井田除有显著的东西向挤压构造外,还清楚地出现一群弧形展布的挤压面和 SN 向的挤压面,分别形成一个弧形挤压带和一个 SN 向的挤压带,弧形挤压带展布在汪庄矿井田北部,弧顶在张家庄北,南北向挤压带展布在小南沟一带,弧形展布主要由三个并列的褶皱构造组成的小"山"字形构造。

5.3.2 区域构造演化

兴隆矿区构造受燕山区构造演化控制,先后经历了海西—印支期、燕山早—中期、燕山晚—喜马拉雅早期和喜马拉雅晚期—现今等四期构造应力场作用,形成了现今复杂的褶皱、断裂及岩浆岩侵入等地质构造格局,进而影响了区内矿区构造特征、煤层展布及瓦斯赋存。

5.3.3 构造演化对煤层瓦斯生成与逸散的控制

兴隆矿区的煤层在形成之后,受到多期构造应力场的作用,其中对矿区构造具有重大影响的主要是燕山期的逆冲推覆作用与岩浆岩活动。

燕山早—中期,构造应力场表现为 NNW—SSE 向挤压,兴隆矿区发生广泛的推覆构造作用,形成了近 EW 展布的逆断层,使煤层赋存复杂化。

燕山中期,发生了大规模的岩浆作用,导致区域上煤层变质作用的差异性,是影响该区煤质分异的重要因素,直接控制了煤层瓦斯的来源。

地质构造演化对煤层瓦斯含量的影响是复杂的,不同的地质发展史、构造热演化史和构造形态特征对煤层瓦斯保存与逸散的影响是不同的。

在上述地壳运动的控制下,兴隆矿区现有的 3 对矿井中,2 对开采的是石炭—二叠纪煤层,1 对开采侏罗纪煤层,3 对矿井的煤层经历不同的地质埋藏历史,逐渐演化到现今的状态。研究表明,受构造作用,兴隆矿区不同地区、不同煤层经历了不同埋藏作用,导致不同的瓦斯生成、赋存与逸散过程,是目前煤质特征与瓦斯赋存的直接基础。

(1)鑫发矿型

研究表明,鑫发矿主采侏罗纪的煤层受地壳运动的控制,鑫发矿的煤层埋藏历史,主要经历了 1 次埋藏—生气历史,如图 5-9 所示。

该矿井埋藏史相对较单一,煤层变质与生气主要受燕山期的推覆构造作用与岩浆活动控制。大约到中侏罗世末,主煤层埋藏

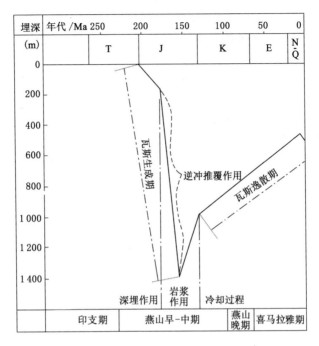

图 5-9　鑫发矿主煤层的埋藏—生气历史模式图

约 1 400 m,由于广泛的岩浆活动,煤层的受热温度则达 168 ℃,到该期末煤级达到肥—1/3 焦煤阶段(镜质组反射率达到1.25Ro‰左右),煤中产生大量 CH_4,生产的 CH_4 一部分逸散到围岩中,并进一步散失,另一部分则主要呈吸附态被保留在煤层中。而后,随着地壳抬升,煤层埋藏变浅,原先吸附的瓦斯逐渐散失,但由于上覆有较厚的火山碎屑岩(髻髻山组),对侏罗纪煤层中瓦斯具有较好的封闭性,导致鑫发矿煤层中的瓦斯大量积聚,矿井瓦斯涌出量高,而成为煤与瓦斯突出矿井。

(2)汪庄矿、营子矿

兴隆矿区的汪庄矿与营子矿同属 EW 向构造带内,都是开采的石炭—二叠纪煤层且两矿相邻,汪庄矿在东、营子矿在西,受区域地质构造演化的控制,两者的煤层经历了相似的埋藏历史——两次埋藏过程,煤中有机质经历了两次生气历程(图5-10),但由于燕山中期岩浆作用强弱的差异而导致两矿煤质上存在较大差异,影响了煤中瓦斯的赋存,从而导致矿井瓦斯涌出量的差异。

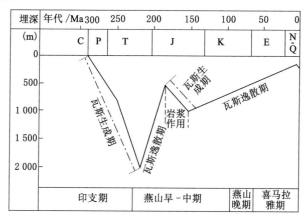

图 5-10　汪庄矿、营子矿主煤层的埋藏—生气历史模式图

大约到中三叠世末,石炭—二叠纪煤层达到最大埋深,约 2 000 m,煤层受热温度约 75 ℃,到该期末煤级达到褐煤阶段(镜质组反射率达 0.46Ro%),煤中产生一定量的 CH_4(第一次生气),由于褐煤对瓦斯的吸附能力小,因此,生产的 CH_4 绝大多数逸散到围岩中,并进一步散失,而后,由于区域性的推覆构造作用,地壳抬升、剥蚀,煤层埋藏变浅,因此本期生成的瓦斯基本对煤矿瓦斯涌出无贡献。

燕山中期(大约 148 Ma),大规模的岩浆侵入和喷发,火山碎屑岩沉积作用,煤层进入又一次埋藏过程,区域地温场升高,引发煤中有机质生成大量的 CH_4,是本区矿井瓦斯的重要基础。整体而言,从东部的汪庄矿向西部的营子矿,岩浆对煤层作用由弱增强,其直接表现是汪庄矿煤变质程度普遍较低,主要达肥煤阶段(镜质组反射率达 1.1Ro%左右),而营子矿则大多在无烟煤与贫煤阶段(镜质组反射率达 2.5Ro%以上)。

深入的研究表明,虽然煤中生成了大量的瓦斯,但由于保存条件的差异而导致汪庄矿与营子矿煤中瓦斯存在显著的差异。汪庄矿受推覆构造作用,叠瓦构造发育,该构造形成早,对煤层中瓦斯起到显著的保存作用,导致煤中瓦斯的含量明显较高;而营子矿,虽然也受推覆构造作用,但由于岩浆侵入作用强烈,现阶段煤炭开采为二次复采,瓦斯逸散严重,导致整体煤层中瓦斯含量偏低,矿井瓦斯涌出量较小。

5.3.4 地质构造对瓦斯赋存的影响

兴隆矿区位于阴山燕辽高瓦斯带。该高瓦斯带上分布着下花园、北票等高瓦斯、煤与瓦斯突出矿井。矿区受南北向的强挤压力控制,煤体破坏严重,海陆交互相的沉积环境,厚层泥质岩和泥质砂岩为主构成的透气性极低的围岩,以及广泛分布的岩浆岩侵入区,这都是瓦斯生成或储存积聚的有利条件。

本区内的张性正断层、张扭性平移断层总体密度不大,但在营子矿区域较多,其有利于瓦斯的释放,靠近张性、张扭断层构造密集区瓦斯涌出量降低明显。而本区主要的断层构造是密集的逆断层,对瓦斯的封闭作用良好,断层附近煤层结构受到挤压力的强烈破坏,形成构造软煤,瓦斯涌出往往明显增加。

本区褶皱除鹰手营子倒转向斜之外,其他次生褶皱规模小,对瓦斯的影响轻微。矿区开采的煤层,均位于鹰手营子倒转向斜北翼,该向斜对瓦斯赋存的影响更多体现在矿区煤层埋深和伴生的逆掩断层对煤层造成的叠瓦式构造的影响上。

5.4 开滦矿区瓦斯赋存的构造控制

5.4.1 矿区构造特征

开滦矿区除林南仓矿位于蓟玉煤田中外,其他 9 对矿井均位于开平煤田内,而开平煤田主体构造为一隔档式褶皱,这些褶曲轴向大体为 NE 向,平行排列,向斜相对开阔,背斜较紧闭,向斜北西翼地层陡倾,甚至倒转,南东翼平缓,而背斜则相反,多呈不对称状。如图 5-11 所示,其中开平向斜规模最大,除东欢坨矿位于车

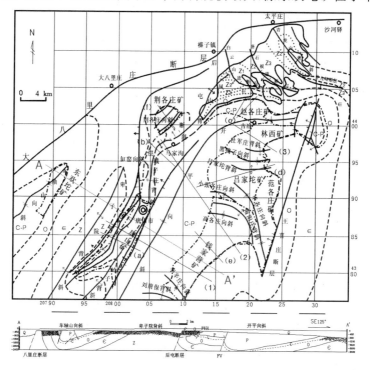

图 5-11 开平煤田地质构造简图[225]

轴山向斜,荆各庄矿位于荆各庄向斜内外,其余 7 对生产矿井则分布于开平向斜的两翼。开滦矿区的 10 对矿井中,马家沟矿、赵各庄矿为高瓦斯突出矿井,唐山矿为高瓦斯矿井,钱家营矿、吕家坨矿、林西矿、荆各庄矿、范各庄矿、林南仓矿、东欢坨矿为低瓦斯矿井,主采煤层为石炭—二叠纪煤层,如表 5-3 所列。

表 5-3　　　　　　　　　　开滦矿区各矿井概况

矿井	含煤地层	煤质	主采煤层	绝对瓦斯涌出量/(m³/min)	鉴定等级
马家沟矿	C、P	JM、QFM	8、9、11、12、12$_{-2}$	27.29	突出
赵各庄矿	C、P	JM、QFM	7、9、12$_{-2}$	20.60	突出
唐山矿	C、P	JM	5、8、9、12$_{-1}$	48.60	高
钱家营矿	C、P	QFM、JM	7、9、12	10.59	低
范各庄矿	C、P	FM 为主	5、7、9、11、12	2.23	低
吕家坨矿	C、P	JM 为主	5、7、8、9、12	10.214	低
林西矿	C、P	FM、JM	7、8、9、12	8.79	低
东欢坨矿	C、P	FM	8、9、11、12$_{-1}$	3.60	低
荆各庄矿	C、P	QM	9、11、12$_{-1}$、12$_{-2}$	4.39	低
林南仓矿	C、P	YM、WYM	8$_{-1}$、11、12	7.92	低

5.4.1.1　褶皱构造

（1）开平向斜

开平向斜为开平煤田的主体,总体轴向为 NE30°～60°,在古冶附近往北逐渐转为 EW 向,向斜轴向西南方向倾伏,长约 50 km,宽平均约 20 km,总面积约 950 km²。向斜轴线偏西,轴面向 NW 倾斜,两翼不对称,北西翼地层倾角陡立,局部直立或倒转,断层较发育,以逆断层为主,构造复杂;南东翼较缓,构造较简单,如图 2-6 所示。

北西翼沿地层走向发育一系列断层,主要是逆断层,沿地层走向还发育一系列规模较小的次级褶皱,实际上这一系列背斜、向斜原来是一条枢纽起伏的背斜和向斜,后来各地段遭受不同程度的剥蚀,一些地段含煤地层被剥蚀殆尽,而另一些地段残留了部分含煤地层,形成了现在断续的背、向斜特征,如岭子背斜与城子庄背斜,湾道山向斜与西缸窑向斜;西翼地层在唐山矿东部往南,被走向断层——F_V逆断层切割;向北至马家沟矿范围内,地层倾角逐渐增大,一般大于45°,局部甚至直立和倒转,构造以走向断层为主,性质多样;再往北向斜轴向逐渐转为 EW 向,地层倾角由陡逐渐变缓进入向斜浅部转折端,如图 5-12 所示。

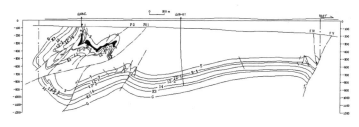

图 5-12　开平向斜构造剖面

与西翼相比,东翼地层较为平缓,一般倾角为 10°～15°,次级小褶曲发育,断层较少,构造较为简单,见图 5-12。在林西矿附近,地层走向 NE30°,地层走向由此向北折向 NE,向南折向 SW。在吕家坨一带,出现近 EW 向平缓横向叠加的镶边褶曲,由北向南依次为杜军庄背斜、黑鸭子向斜和吕家坨背斜,再往南还发育有一系列以 NW 向为主的弧形褶曲,如毕各庄向斜、小张各庄向斜、南阳庄背斜和高各庄向斜,这一系列褶曲共同构成开平向斜南东翼"裙边"构造,如图 5-13 所示。

(2)荆各庄向斜

荆各庄井田为一个盆状向斜,向斜轴线偏居西侧,近南北延

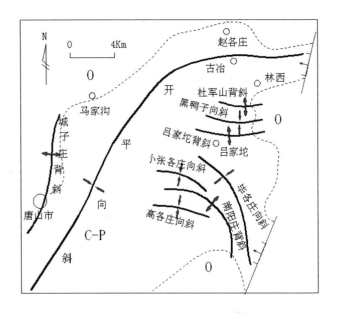

图 5-13　开平向斜南翼"裙边"褶皱示意图[211]

伸,中部略向西呈弧形弯曲,并向南偏东倾伏,倾伏角约 $5°\sim6°$。
向斜轴线西翼地层产状急陡,而东翼则较为舒缓,同时向斜两翼较
之核部产状陡。这种构造特征直接影响了井田不同区域断裂构造
的性质和发育程度。在井田东部有一舒缓横向褶皱,轴线方向
NE43°,长 700 m,宽 300 m,两翼倾角 $5°\sim10°$,如图 5-14 所示。

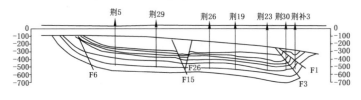

图 5-14　荆各庄向斜 5 号剖面图

在井田中南部有一小型背斜,轴线方向 NE40°,延伸 600 m 以上,背斜西翼产状较陡,倾角 25°～60°,东部则地层较舒缓,倾角 15°～25°。背斜脊部张性断裂非常发育,同时煤岩层均有拉伸变薄现象。

(3)车轴山向斜

车轴山向斜为一狭长不对称向 WS 方向倾伏的大型含煤向斜,向斜轴走向约为 60°,向斜轴面向北西向倾斜。轴面与铅垂面夹角 20°,枢纽以 13°角向西南方向倾伏,向斜转折端在油坊庄北部,向斜两翼地层产状变化较大,东南翼地层平缓,倾角 12°～25°,一般 20°;西北翼地层急陡,倾角 65°～85°,一般 70°。向斜延展长约 20 km,平均宽约 5 km,总面积约 95 km²,为东欢坨矿所在地,如图 2-7 所示。

(4)林南仓向斜

林南仓井田是蓟玉煤田东北部一孤立的向斜盆地,如图 5-15 所示,东西长约 7 km,南北宽 3.5 km,面积约 22 km²,位于燕山沉降带中段南缘,北依燕山褶皱带,属华北晚古生代聚煤盆地构造转换部位,其特殊古地理位置决定了井田范围内构造的特殊性和复杂性。

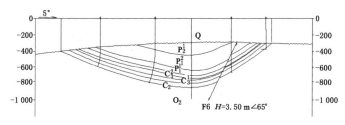

图 5-15 林南仓向斜 12 勘探线剖面图

5.4.1.2 断裂构造

开平向斜断裂构造规律性比较明显,在西北翼地层陡倾,以走向逆断层为主,并发育有斜交的扭性断层,断层总体优势走向 NE 或 NEE 向。如开平向斜的西北翼,地层较陡,据唐山矿、赵各庄矿和马家沟矿断层统计分析显示,开平向斜西翼正、逆断层走向有一定的差异,逆断层主要以 NE 向为主,断层两侧伴有明显的牵引现象,见图 5-16;而正断层则相对方向多变,但主要两个优势方向为 NE 向和近 SN 向。

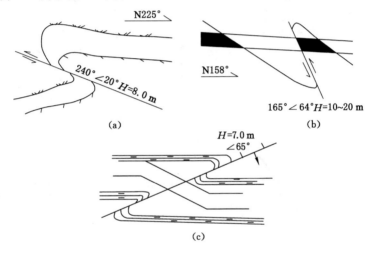

图 5-16　井下构造素描图

(a) 唐山矿;(b) 赵各庄矿;(c) 马家沟矿

逆断层伴生牵引褶皱发育,这是由于断层两侧地层沿断层面运动,受到摩擦阻力致使紧邻断层面的岩层发生明显弧形弯曲而造成的。在开平向斜西翼唐山矿、马家沟矿和赵各庄矿井下逆断层两侧,牵引褶皱发育明显,见图 5-16。一般形成的牵引褶曲,其褶曲的枢纽线与断层面平行,一般岩层弯曲凸出的方向与本盘岩石的位移方向近于一致。其形成原因大致有两种:其一是由于岩层在受力变形过程中,先形成挠曲,当超过岩石屈服强度时发生断裂,造成这种构造现象;其二是地层先发生脆性破裂,沿破裂面两侧地层发生位移,地层受阻力而牵引弯曲形成,特别是在逆断层两侧。

开平向斜轴在古冶村附近由 NE 向转为近 EW 向,这是由于印支运动前就已经形成的一个背斜和三条弧形断层——清凉山背斜、景儿峪断层、磨石板断层、白云山断层的存在,向斜轴不能越过"一背三断"而造成的。清凉山背斜向四周倾伏,产状为一椭圆形穹隆构造,三条弧形断层则分布在其南侧,皆为压扭性逆断层,且一致呈弧形向西南方向突出,如图 5-17 所示。"一背三断"的存在使开平煤田统一的应力场在局部发生变化,并且对开平向斜南翼次级褶皱的形成有着直接的影响。

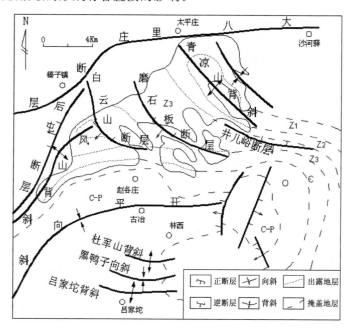

图 5-17 开平向斜转折端构造简图[223]

5.4.2 区域构造演化

华北古板块与周缘板块之间的相互作用,控制着板内构造的形成和发展。开平煤田位于华北板块北部,其地质构造的形成和演化与燕山造山带息息相关,在空间上属于板内造山带的一个有机组成部分,在时间上是碰撞期后板内变形过程的一个重要环节。根据区域大地构造背景,开平煤田自晚古生代含煤地层形成至今,本区域古构造应力场经历了4个主应力期,即印支期、燕山早—中期、燕山晚期—喜马拉雅期第Ⅰ幕和喜马拉雅期第Ⅱ幕—现今。多期次、多序次、不同性质构造相互叠合,先期构造影响后期构造,后期构造又改造前期构造,因而现今显现出一幅错综复杂的构造图像。

印支运动前中晚元古代至三叠纪早期,华北古大陆板块与华南大陆板块间的相互作用控制了研究区内地质构造发展,为板内变形奠定了物质基础和区域构造背景。华北板块经历了被动大陆边缘—主动大陆边缘—碰撞推覆造山的历程。开平煤田处于华北板内,构造变形微弱,处于稳定的"地台"发展阶段,地壳运动以区域性升降活动为主。

（1）印支期

华北古板块与北部西伯利亚古板块南部碰撞拼接,与华南板块全面拼贴构成统一的中国板块[224],产生与华北古板块南、北缘垂直的近SN向构造应力场,见图5-18(a)。在SN向主应力作用下,在马兰峪—遵化一线形成了东西向的遵化背斜,含煤地层在背斜轴部被剥蚀,在两翼被保存下来,燕山南麓的赋煤带就位于该背斜的南翼,但该期构造应力场对开滦矿区的影响并不明显。

（2）燕山早—中期

早中侏罗世至晚白垩世,库拉—太平洋板块向NW方向挤压,开始由"南北分异"体制向"东西分异"体制的转化,进入了燕山构造时期。华北古板块东部在燕山早期造山运动十分强烈,由板

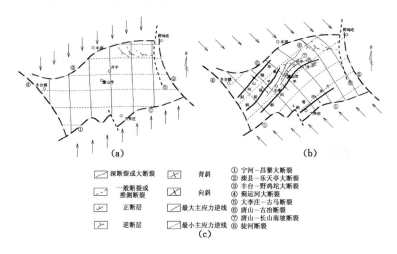

图例		
深断裂或大断裂	背斜	① 宁河－昌黎大断裂
一般断裂或推测断裂	向斜	② 滦县－乐天亭大断裂
		③ 丰台－野鸡坨大断裂
正断层	最大主应力迹线	④ 蓟运河大断裂
		⑤ 大李庄－古冶断裂
逆断层	最小主应力迹线	⑥ 唐山－古冶断裂
		⑦ 唐山－长山南坡断裂
		⑧ 徙河断裂

(c)

图 5-18　唐山块陷应力场分布图

（a）印支期；（b）燕山早—中期

缘向板内逆冲推覆构造活动达到高潮；燕山造山带区域性 NE—NNE 向主干断裂带部分形成于印支期,大部分形成于燕山期。

侏罗纪以来,库拉—太平洋板块与欧亚大陆的相互作用日益增强,初生的太平洋板块在南半球向 SW 方向俯冲,使中国大陆及邻区受到较强的总体上 NW 向的挤压和缩短作用,也使中国东部 NE 向—NNE 向构造线得到加强。该期是燕山造山带的形成阶段,构造变形强烈,从造山带后端至前缘,逐渐形成了兴隆、承德、大庙、隆化和围场等 5 条主干逆掩断层,其褶皱形态也从箱状褶皱转变为歪斜褶皱;且在后缘还出现了反冲逆冲断层,形成了三角带和突起构造,见图 5-18（b）。

总体上看,该期构造变形最强烈,上层地壳大规模缩短,最终形成了燕山造山带的基本构造格局——大型薄皮构造组成的、尖端指向北的构造楔形体。岩浆活动也很剧烈,晚侏罗世侵入岩和髫髻期岩浆火山岩活动标志着造山运动达到鼎盛时期。燕山中生代板内造山带东段的逆冲推覆构造与中、西段的形成时代大致是一致的,但上盘逆冲方向却相反,近 EW 向的尚义—赤城断裂、古北口—平泉断裂及密云—喜峰口断裂将同时代不同逆冲方向的推覆构造系统联系在一起,研究表明,这些近 EW 向主干断裂具有重要的右行走滑断裂活动。遵化背斜北翼则在印支晚期—燕山早期应力场作用下形成了隆化复叠瓦扇逆冲推覆构造。

燕山期早—中期,在 NW—SE 向应力场挤压作用下,遵化背斜南翼形成一组 NE 向隔档式褶皱,向斜开阔,背斜紧闭,表现为东强西弱,由东往西以此为开平向斜、卑子院背斜、车轴山向斜、丰登坞背斜、窝洛沽向斜、桥头背斜、蓟玉向斜、邦均背斜和三河向斜。开平煤田在该期 NW—SE 向构造应力场作用下,形成 NE 或 NNE 向构造格架,开平向斜北西翼地层陡倾,且发育有大量压性、压扭性逆断层,南东翼地层平缓,断裂相对较少;在开平向斜西翼形成唐山推覆构造;由于煤田东北角前印支期磨石板逆断层、白云山逆断层,井儿峪逆断层等构造的存在,致使开平向斜轴至此不能越过,在局部构造应力作用下而转为近 EW 向,并在向斜南翼地层形成杜军山背斜、黑鸭子向斜和吕家坨背斜,与开平向斜轴平行排列,并且在褶区发育大量张性断裂。

(3) 燕山晚期—喜马拉雅期第 I 幕

燕山中期左行走滑作用和岩浆岩活动,揭开了由挤压缩短机制向拉张裂陷机制转化的序幕。燕山运动晚期以后,特别是古新世开始,随着库拉—太平洋板块俯冲带向东迁移,亚洲大陆东缘由安第斯型大陆边缘转化为西太平洋沟—弧—盆型大陆边缘。库拉—太平洋洋脊逐渐倾没于日本和东亚大陆之下,导致弧后地幔物质活动激化,热扩容促使地幔上拱,地壳减薄,岩石圈侧向伸展。库拉板块于 65～45 Ma 期间全部消亡,太平洋板块直接向东亚大陆俯冲,运动方向为 NWW 向,以强烈地幔对流形式作用于东亚大陆,导致始新世末的裂陷高潮。该阶段,华北地区北部受到

NW—SE 方向的拉张构造应力作用,在区内形成大规模伸展构造,即进入全面裂陷阶段,见图 5-19(a)。

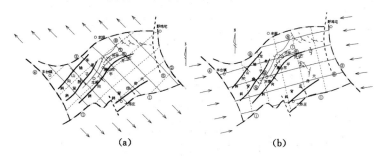

图 5-19 唐山块陷应力场分布图

(a)燕山晚期—喜马拉雅期第Ⅰ幕;(b)喜马拉雅期第Ⅱ幕—现今

喜马拉雅期构造运动留下的构造变形踪迹大多是在利用和改造早期各类构造的基础上发展起来的。在 NW—SE 向拉张应力作用下,开平煤田在此前期形成的各种结构面,该阶段均受到拉张应力作用,转化为张性或张裂性结构面。开平煤田西北边界断层—韩家庄—沙河驿断裂原为逆断层,在喜马拉雅期构造运动时发生构造反转,造成榛子镇以西地区表现为正断层,而以东地区表现为逆断层;后屯断层现今表现为 NW 倾的正断层,在其北段基岩出露区可见挤压透镜体、糜棱岩,断层两侧地层直立、倒转,西北盘为第四系掩盖的寒武系地层(除荆各庄向斜含煤向斜外),而东盘还保存有石炭—二叠纪地层,说明该断层曾是压性逆断层,在新生代喜马拉雅期构造运动作用下西北盘又发生拉张下沉,断层性质转变为正断层;荆各庄含煤向斜位于后屯断层西北翼,为一很浅的向斜,燕山运动早期随后屯断层上盘一起抬升,部分石炭—二叠纪地层被剥蚀,后来新生代构造运动期间该区又下陷而保留了一小部分向斜部煤系;地壳的上隆导致开平煤田二叠系以上地层缺失,直接为第四系所覆盖。

（4）喜马拉雅期第Ⅱ幕—现今

进入新近纪以来,华北地区地幔活动减弱、热异常衰减,逐渐由拉张作用转变为挤压体制,方向为 NEE 或近 EW 向,近 NE 向构造处于张扭性阶段,出现 NW—NNW 向压性构造。关于力源问题,据分析燕山地区所处位置:日本以东与太平洋块体相邻,西部与青藏地块东缘相接触,由于地球自转,太平洋块体自 NEE 向 SWW 的推挤作用,推动华北地块向 SWW 的推挤,促使华北地块向 SWW 向运动,最终又受到青藏地块边缘的阻挡,从而产生了向 NEE 的反作用力,由此构成了华北地块区 NEE—SWW 向区域构造应力场。开平煤田在此力作用下叠加作用不强,在开平向斜南翼产生一组轴向 NNW 的裙边褶皱,如毕各庄向斜、南阳庄背斜、高各庄向斜皆是在该作用力场下形成的,见图 5-19(b)。

喜马拉雅期第Ⅱ幕,在近 EW 向应力场作用下,燕山造山板内早期形成的构造受到改造的同时,又出现了一些新的构造。与开平向斜 NW 翼压性、压扭性断裂相比,南东翼大多数断裂构造是近 EW 向挤压应力作用的产物或改造产物;开平煤田东北角由于白云山地层的存在以及 NEE 向挤压应力作用下,导致后屯断层向 NW 移动,由原来的 NE 向偏转为 NNE 向,并加剧了荆各庄向斜的改造;凤山背斜、缸窑向斜等一系列褶曲在 NE 向应力作用下,轴向发生不同程度的偏转,在马家沟附近,凤山背斜、城子庄背斜向 NW 凸出,形成马家沟矿单斜背景下的宽缓向斜。

纵观华北地区构造运动及开平煤田构造演化史,研究区经历了多期次、不同方向、不同性质构造应力场的作用,不同期次形成的构造相互叠加与改造而造就了现今如此复杂的构造面貌。燕山早中期 NW—SE 向挤压构造运动形成了开平煤田的主体构造;燕山晚期—喜马拉雅期第Ⅰ幕,NW—SE 向拉张体制作用下,对前期形成的压性构造进行了改造的同时,局部发生构造反转;喜马拉雅期第Ⅱ幕—现今,在近 EW 向挤压应力作用下,形成了开平煤田现今的构造格局。

5.4.3　构造演化对煤层瓦斯生成与逸散的控制

开平煤田的煤层在形成之后,受到多期构造应力场的作用,其中对矿区构造具有重大影响的主要是燕山期和喜马拉雅期。

燕山早—中期,构造应力场表现为 NW—SE 向挤压,东部开平向斜的北西翼地层多陡立、局部倒转,并发育与开平向斜同方向的逆断层,使煤层复杂化。开平向斜转折端受遵化背斜的限制发生偏转,转为近 EW 向。

燕山晚期—喜马拉雅早期,挤压应力场转为 NNE—SSW 向,在早期褶皱的基础上产生了叠加作用。开平向斜在此应力场的作用下叠加作用不强,仅在变形较弱的北东翼之上形成了一组轴向近东西的小型褶皱,对原向斜的面貌改变不大。叠加作用表现为西强东弱。

地质构造演化对煤层瓦斯含量的影响是复杂的,因为它与地质发展史、构造热演化史和构造形态特征有密切的关系,不同的地质构造及其演化过程对煤层瓦斯含量的影响是不同的。

在上述地壳运动的控制下,煤层经历不同的地质历史埋藏,逐渐演化到现今的状态,研究表明,受构造作用,开平煤田不同地区的煤层经历了不同埋藏作用,导致不同的瓦斯生成、赋存与逸散过程。概括起来大致可分为 3 种类型:唐山矿型、吕家坨矿型和东欢坨矿型,在此期间,煤中有机质发生多次不同规模的生气作用,其导致的煤层特征与生成的气(瓦斯)是目前矿井瓦斯的直接基础。

(1)唐山矿型

研究表明,受地壳运动的控制,唐山矿型的煤层埋藏历史主要经历了两次埋藏—生气历史,如图 5-20 所示。

该类型的矿井相对较单一,是唐山矿所特有的类型,特别表现在受典型推覆构造的控制。大约到中三叠世末,煤层达到最大埋深,约 3 300 m,煤层受热温度达 115 ℃,到该期末煤级达到气煤

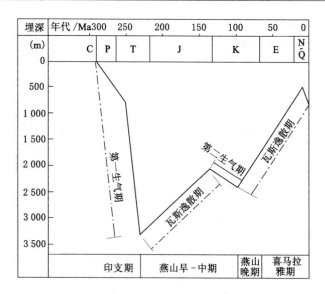

图 5-20　唐山矿型主煤层的埋藏—生气历史模式图

阶段(镜质组反射率达到 0.8Ro%),煤中产生大量 CH_4(第一次生气),生产的 CH_4 绝大多数逸散到围岩中,并进一步散失,一部分则主要呈吸附态被保留在煤层中。而后,随着地壳抬升,煤层埋藏变浅,原先吸附的瓦斯逐渐散失。

燕山早—中期,受区域 NW—SE 向的挤压应力场作用,唐山地区发育了典型的推覆构造,在推覆作用下,位于原地系统的唐山矿石炭—二叠纪煤层,被动推覆体上盘断层覆盖而又一次埋深,到该期末(大约 100 Ma),唐山矿区主煤层埋深约达 2 400 m,当时区域地温场异常,唐山矿煤层的受热温度最高可达 150 ℃以上,不少地区煤层达到 1/3 焦煤阶段(镜质组反射率达到 1.3Ro%),煤层发生二次生气作用,生成大量的 CH_4,补充了煤中的瓦斯,煤中瓦斯主要以吸附态与游离态存在,而后地壳进一步抬升,煤中瓦斯又逐步逸散,但由于推覆构造的覆盖作用,瓦斯逸散缓慢,并使煤中瓦斯逐渐达到现今赋存状态。

（2）吕家坨矿型

受区域地质构造演化的控制，吕家坨矿型的煤层主要经历一次埋藏过程，但煤中有机质却经历了两次生气历程，如图 5-21 所示。

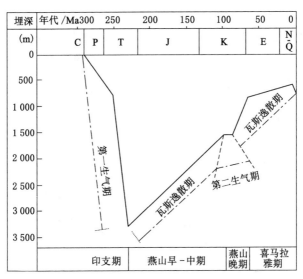

图 5-21　吕家坨矿型主煤层的埋藏—生气历史模式图

该类型的矿井包括吕家坨矿、林西矿、钱家营矿、范各庄矿、赵各庄矿、马家沟矿和林南仓矿，在开滦矿区最发育，其突出表现是不同程度地受到燕山期岩浆侵入的热作用，影响范围视岩浆岩侵入规模而定。

大约到中三叠世末，煤层达到最大埋深，约 3 300 m，煤层受热温度约 115 ℃，到该期末煤级达到气煤阶段（镜质组反射率达到 0.8Ro%），煤中产生大量 CH_4（第一次生气），生产的 CH_4 绝大多数逸散到围岩中，并进一步散失，一部分则主要呈吸附态被保留在煤层中。而后,地壳抬升,煤层埋藏变浅,原先吸附的瓦斯逐渐散失。

燕山晚期(大约 100~80 Ma),开滦矿区发生一定规模的岩浆侵入,导致区域地温场升高,某些区域煤层的受热温度可高达 170 ℃,煤层变质程度又一次升高,可达到肥—焦煤阶段(镜质组反射率达到 1.1~1.4Ro%),煤层发生二次生气作用,生成大量的 CH_4,补充了煤中的瓦斯,煤中瓦斯主要以吸附态与游离态存在,而后地壳进一步抬升,煤中瓦斯又逐步逸散,逐渐达到现今瓦斯赋存状态。

吕家坨矿是该类型的大型代表,由于其处于特殊的构造部位而受岩浆热作用范围相对较广,煤层的变质程度也相对较高,可达 1/3 焦—焦煤阶段,这也是导致该矿的矿井相对瓦斯涌出量明显较周边的林西矿、范各庄矿和钱家营矿要大且变化复杂的原因之一。

(3) 东欢坨矿型

受区域构造演化的控制,东欢坨矿型煤层的埋藏—生气历史相对较简单,煤层在形成之后,经历了一次深埋—抬升作用,煤层的受热变质作用主要受控于深成变质作用,煤层表现为主要发生一次生气作用,如图 5-22 所示。

大约到中三叠世末,煤层达到最大埋深,约 3 300 m,煤层受热温度可达 120 ℃,到该期末煤级达到气煤—气肥煤阶段(镜质组反射率达到 0.8~0.9Ro%),煤中产生大量 CH_4(第一次生气),生产的 CH_4 绝大多数逸散到围岩中,并进一步散失,另一部分则主要呈吸附态被保留在煤层中。而后,地壳抬升,煤层埋藏变浅,原先吸附的瓦斯逐渐解吸而散失,导致煤中瓦斯含量普遍偏低,矿井瓦斯涌出量也明显较小。

开滦矿区属于该类型的矿井主要为东欢坨矿和荆各庄矿,均属于煤层瓦斯含量和矿井涌出量较低的矿井。

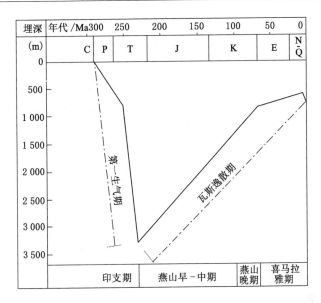

图 5-22 东欢坨矿型主煤层的埋藏—生气历史模式图

5.4.4 地质构造对瓦斯赋存的影响

（1）断层构造对瓦斯赋存的影响

开滦矿区断层较发育,对矿区瓦斯赋存特征有着重要的控制作用,唐山矿、马家沟矿、赵各庄矿等高瓦斯矿井挤压性质断层附近瓦斯涌出量都有所偏大,小断层有利于瓦斯逸散,而对于范各庄、吕家坨等低瓦斯矿井,小断层附近瓦斯涌出量变大,例如林南仓矿断层带往往导致煤体破碎,煤层孔隙度增加,游离态瓦斯增加,当巷道掘进到断层带时,瓦斯涌出量明显增加,如图 5-23 所示。

（2）褶皱构造对瓦斯赋存的影响

开滦矿区瓦斯分布与褶皱有着密切的关系,其主要控制作用的褶皱是开平向斜,由于开平向斜为不对称向斜,向斜北西翼地层

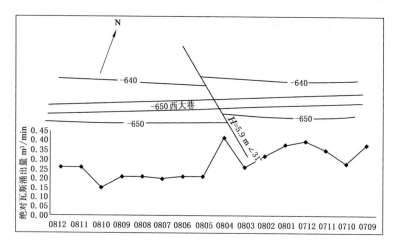

图 5-23　林南仓矿－650 m 西大巷掘进巷道瓦斯涌出量分布图

陡倾,甚至倒转,南东翼平缓。当围岩的封闭条件较好时,背斜往往有利于瓦斯的存储,是良好的储气构造,在围岩透气好的情况下,背斜中的瓦斯容易沿裂隙逸散。

5.5　小　结

（1）燕山地区可分为北部宣化、承德复向斜带,中部马兰峪复背斜带和南部京西复向斜带,断裂构造主要有两组方向,即近 EW 向和 NNE 向。区内分布兴隆、宣下、张北、开滦等重要煤矿区,主要含煤地层为石炭—二叠纪煤层和侏罗纪煤层。燕山地区经历了四期构造应力场的更替,形成了复杂的褶皱、断裂及岩浆岩侵入等地质构造格局,中新生代的构造运动是燕山地区主要的造山作用期。

（2）张家口、兴隆、开滦等矿区构造受燕山断褶带构造演化控制,在开滦矿区、兴隆矿区,推覆构造发育,对含煤地层的影响较大,并对瓦斯赋存具有明显的控制作用。

（3）张家口矿区与兴隆矿区的鑫发矿主采侏罗纪的煤层,主要经历了1次埋藏—生气历史,埋藏曲线大致呈"V"形;兴隆矿区汪庄矿、营子矿及开滦矿区的唐山矿主要经历了2次埋藏—生气历史,埋藏曲线大致呈"W"形。

（4）开滦矿区煤层形成后,受到多期构造应力场的作用,导致不同的瓦斯生成、赋存与逸散过程,大致可分为三种类型:唐山矿型、吕家坨矿型和东欢坨矿型。

6 河北省煤矿区瓦斯赋存的构造逐级控制

地质构造具有不同时代、不同规模、不同组合,对控制煤层瓦斯具有不同效应。大构造形迹逐级控制次一级构造形迹,大构造形迹形成的次一级局部应力场控制中型构造的形迹。中型构造形迹控制更次一级的小型构造的形成,依此类推到微型或超微型构造形迹的形成。由于地质构造规模的不同,对瓦斯控制的情况也不同。大型构造是控制瓦斯突出及赋存的区域性构造;中型构造则是带状控制;小型和微型构造常是局部点的控制。在本次研究区中,华北板块构造控制河北省区域构造,区域构造控制各个矿区构造,矿区、矿井构造同时控制采区、采面构造,最后共同控制瓦斯赋存,而河北省高瓦斯带主要受到中型构造燕山褶皱带和太行山断裂带的控制,局部矿井瓦斯的异常主要受到井田构造的控制。

6.1 构造逐级控制的理论基础——板块构造学

6.1.1 板块构造基本原理

板块构造学是 20 世纪 60 年代后期发展起来的一个崭新的大地构造理论,是研究地球岩石圈板块的成因、运动、演化、物质组成、构造组合、分布和相互关系以及地球动力学等问题的一个新兴学科。板块构造学说的产生是现代地球科学发展中的划时代事件,是多学科相互结合、相互渗透和相互协作而形成和发展起来的全球构造理论[1]。

板块构造学把地球作为一个整体来进行研究,将整个地球的岩石圈分解为若干巨大的刚性岩石圈板块。坚硬的岩石圈板块均衡地位于塑性软流圈之上并在地球表面发生大规模水平运动。板块与板块之间,或相互分离,或相互聚合,或相互平移,从而引起地球上的地震、火山爆发和构造运动。板块构造观点认为个别大陆、区域的地质演化是与邻区演化发展密切相关的,也是与全球的演化发展相关的。按板块构造理论观点,地壳被分成岩石圈板块、次板块和不同等级水平的板块,相邻板块间具有相互作用,各种矿物矿床都位于板块相互作用区域内。板块构造与岩浆活动、造山作用密切相关,每一种板块边界都有其相对应的地质动力环境。地震、火山现象、造山运动等都被认为是板块相对运动的结果。每种地质动力环境都有严格固定的深层结构,形成一定的构造[241]。

6.1.2 中国大陆板块构造研究

从显生宙以来的构造发展来看,中国及其邻区可以划分 4 个古板块:中国板块,西伯利亚板块,印度板块,太平洋板块。由于这种板块位置,中国的西南缘和东南缘正发生着大陆—大陆碰撞作用、岛弧—大陆碰撞作用以及弧后盆地的生长和消亡作用,是全球各大陆板块内部新构造运动异常活跃的一个地区。

中国大陆地区是板内构造活动十分强烈的地区,晚第四纪以来断裂活动显著,强地震活动与它们有着密切关系。板块间的相互作用深刻地影响着中国大陆活动构造的面貌,使中国大陆的活动断裂在空间分布、力学属性和运动学特征方面都表现出明显的特点,并控制着大陆内部地质灾害活动的强度、频度,进而也必然对矿井动力现象的发生产生重要影响。

燕山运动奠定了中国现今地貌的轮廓,中国大陆在周围板块的碰撞和俯冲机制作用下,塑造了独特、相互联系和有规律的新构造格局,造成了复杂而有序的板内破裂格局及很强的大陆板内地震活动。

中国板内运动的活动边界主要以活动断裂的形式表现出来。

李春昱等[242]研究表明,中国活断裂的移动明显受到全球板块活动的制约,亚板块与构造块体边界上活动断裂的活动速率比全球板块边界上的要小1～2个数量级,但又明显地大于块体内部的,东部各块体边界上的,通常为每年14 mm,块体内往往小于0.5～1 mm/a。活断裂滑动速率的这种大小分布格局与地表活动强弱的空间分布大体吻合。这反映出中国板内变形和运动具有以块体为单元并逐级镶嵌活动的特征。

6.2 河北省瓦斯地质规律

河北省区煤矿瓦斯的分布具有一定的规律性,特别是高瓦斯矿井和煤与瓦斯突出矿井的分布明显受控于EW向燕山断褶带和NNE太行山断裂带两大构造带。

太行山断裂带受多期构造作用与岩浆的分异性活动,导致沿太行山东麓形成由南向北的煤级发生规律性变化,从无烟煤、高变质烟煤逐渐递变为中—低烟煤,并控制了煤层中瓦斯的赋存,形成了NE向的高瓦斯矿井分布带,构成太行山东麓高瓦斯走廊。

燕山断褶带以岩浆热变质作用为主的中、高变质烟煤、无烟煤带,构造上以挤压、褶皱、逆冲推覆为主,有利于煤层瓦斯赋存,构成了一系列高/突矿井的分布带。

通过研究华北地区部分矿井岩浆岩侵入对煤层瓦斯赋存的影响,得出岩浆侵入低煤级煤中,导致煤类的变化,靠近岩浆岩依次为天然焦→贫煤→瘦煤→焦煤→气肥煤。对于岩浆岩侵入低煤级煤层中,随着离岩浆岩距离的缩小,煤储层孔隙度会逐渐增大,但在岩浆岩附近一定区域会出现异常减小,后迅速增大的现象[104],增大了瓦斯吸附能力和存储空间,同时岩浆热作用使得煤层生气增多,共同导致岩浆侵入区瓦斯含量增高,容易形成相对的高瓦斯条带。如:唐山吕家坨矿井6177工作面岩浆侵入区实测瓦斯量明显高于其他区域,相对瓦斯涌出量最大达到 9.8 m^3/min,远超过矿井平均相对瓦斯涌出量 1.5 m^3/min。

6.3 构造对煤矿区瓦斯赋存的控制作用

河北省石炭—二叠纪含煤地层形成以来,先后经历了印支运动、燕山运动、喜马拉雅运动,每次构造运动的规模、范围、构造应力场等都不尽相同。地质构造运动影响着煤层瓦斯的生成、保存,而煤层瓦斯的生成、保存条件亦控制着瓦斯的赋存和分布。现今煤层中瓦斯仅占瓦斯生成量的 20% 以下,80% 以上的瓦斯由于煤层形成后的构造运动而大量逸散[1]。同时,构造运动导致的煤层深成变质和岩浆热变质作用亦会引起生烃作用。不同级别的构造活动和构造应力场控制着构造作用的范围和强度,控制了区内的煤层赋存和煤体结构的破坏程度,进而控制着煤层瓦斯的赋存和分布。板块构造控制区域构造的作用范围和强度,区域构造控制矿区(煤田)构造作用的范围和强度,矿区构造控制井田和采区、采面构造的范围和强度,构造逐级控制特征控制着不同级别和范围的煤层瓦斯的赋存和分布。

6.3.1 板块构造对瓦斯赋存的控制

本区隶属于华北板块,其构造演化受控于华北板块,先后经历了基底形成、稳定盖层沉积和活化盖层发展三大发展阶段,即由太古代、早元古代的变质岩系组成基底,中元古代—三叠纪是稳定地台沉积盖层的广泛发育阶段,三叠纪末期的印支运动是华北地台演化的重要转折,连同中国东部一起进入一个崭新的构造演化阶段。印支期及其以后的构造作用对古生界煤层产生了强烈的改造作用,使煤层赋存状态复杂化,进而导致煤层瓦斯赋存的变化。

华北板块位于中国大陆东部,构造应力场受西部印度板块挤压、东部太平洋板块(菲律宾板块)俯冲和北部西伯利亚地台相对阻挡等三方面作用的控制,地球动力学环境比较复杂。受此板块构造背景控制,区内纵横发育有古亚洲型断裂系统的华北陆块北缘近 EW 向断裂带和华夏—滨太平洋断裂系统的 NNE 向大兴安岭—太行山断裂带。因此,研究区内的构造演化、煤层保存和展布及瓦斯赋存特征亦受到这两条断裂带的控制。

华北地区自石炭—二叠纪含煤地层形成以来,印支期主要受西伯利亚板块由北向南和扬子地块由南向北推挤作用,形成近东西向的断裂和宽缓褶皱,但不剧烈。燕山早、中期受太平洋库拉板块俯冲碰撞作用活动剧烈,形成一系列 NNE、NE 向的大规模隆起和坳陷,伴随剧烈的岩浆活动。因此,华北地区煤层主要发育近 EW 向、NNE 向、NE 向的褶皱和断裂及其叠加和复合构造。区内普遍发育的石炭—二叠纪含煤地层,以中高变质烟煤、无烟煤为主,煤层瓦斯生成条件比较优越,是我国高瓦斯矿井、矿区主要分布地区。但煤层瓦斯赋存主要受构造演化控制,在华北地区的东部,受太平洋库拉板块俯冲碰撞作用,发生隆起,在两大构造带普遍缺失三叠系,甚至二叠系煤层也遭受风化剥蚀,导致煤层中瓦斯大量逸散。

同时,自含煤地层形成以来,受华北板块与周边板块的多次相互作用,河北省区被一系列不同级别的构造分割成不同的构造区块。特别是在华北地区的北缘,受西伯利亚板块碰撞对接影响,形成了呈 EW 向展布的阴山、燕辽褶断带,控制着该地区高瓦斯矿井、矿区的分布;在华北中部,因燕山期受太平洋库拉板块碰撞挤压作用和太行山隆起形成的一条 NNE—NE 向展布的太行山断裂带,同样从区域范围控制着太行山东南麓高瓦斯带展布。

板块构造与岩浆活动关系密切,岩浆活动亦对煤层瓦斯产生重要影响。区内岩浆活动相当发育,以燕山褶皱带和太行山山前断裂带较发育。晚古生代,由于受华北板块与西伯利亚板块作用,火山活动比较强烈,呈东西向展布,受康保—围场深断裂控制,在燕山南麓和太行山东麓的部分煤田均可见该次岩浆活动迹象,但对上古生界的煤层基本无影响。中生代火山活动最为强烈,多期次的火山活动形成了大量的岩浆岩,侵入含煤地层对煤层的破坏和影响程度很大,并使得煤层在深成变质作用上叠加了岩浆热变质作用,对区内部分矿区的煤层瓦斯赋存影响显著。

6.3.2　河北省区内构造对瓦斯赋存的控制

河北省的瓦斯赋存、矿井瓦斯涌出主要受构造控制,明显可以分为燕山断褶带、太行山断裂带、冀北隆起区和冀东南沉陷区,而目前冀东南沉陷区内尚无矿区分布。研究表明高瓦斯矿井主要位于燕山褶皱带和太行山断裂带,因为高应力带、挤压剪切作用形成构造煤,其煤体特征及分布是煤与瓦斯突出危险区存在的必要条件。河北省大量生产矿井的实践证明,煤与瓦斯突出是高压瓦斯、高构造应力、强挤压剪切作用的结果,无论从煤与瓦斯突出点的分布,还是从高突矿井和矿区的分布都具有规律性,并受控于不同级别的构造。

研究揭示即使在同一构造带中,应构造作用差异,附之岩浆作用强弱不同,又可划分为不同次级构造区块,在矿区与矿区之间、同一矿区内的不同矿井之间都存在明显的瓦斯地质规律上的差异,并控制了局部煤中瓦斯赋存特征。

本书就太行山断裂带及燕山南麓逆冲推覆构造对瓦斯赋存的控制进行详细解剖,并揭示了两个区域的瓦斯赋存特征。

(1)太行山断裂带对瓦斯赋存的影响

太行山断裂东南侧构造以北东向的大、中型褶皱为主体,呈雁行式排列,与褶皱相伴的还有大量北东向和北西向断裂,主要含煤地层为石炭—二叠纪煤层,包括上石炭统本溪组、太原组及山西组,岩浆岩活动强烈,以闪长岩、正长岩为主。大中型断裂的发育控制着瓦斯的分布特征,瓦斯赋存具有"西低东高,南小北大"的态势,如图6-1所示。东西方向,鼓山西翼大中型断裂较为发育,将

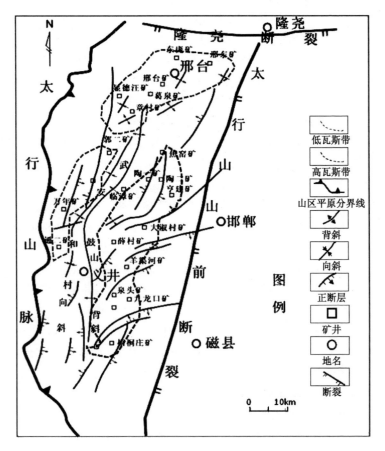

图 6-1 太行山东麓瓦斯分带图

井田切割成地堑、地垒和阶梯状断块,且部分通达上覆基岩不整合面,有利于瓦斯的释放,造成断层附近,特别是大断层附近,煤层瓦斯含量普遍降低,在 NNE 向大型断层附近形成一定范围的瓦斯排放带;鼓山东翼则瓦斯含量较高,由于鼓山东侧为单斜构造,鼓山东侧北部煤层自牛薛穹隆向北部东北倾伏,中部、南部均向东部倾伏,沿倾伏方向,瓦斯含量随煤层埋深的增加而增大。南北方向,煤层底板标高相差不大的情况下,鼓山东侧瓦斯由南到北逐渐增高,南部的梧桐庄为低瓦斯矿井,中部的九龙矿升级为高瓦斯矿井,到最北部的大淑村矿为煤与瓦斯突出矿井。

区内鼓山两侧瓦斯西低东高的规律是由构造演化过程中产生的深大断裂和地下水共同作用的结果。构造运动造成鼓山西侧煤层较多露头,加上构造运动在鼓山西侧产生的若干条较大断层使奥陶系灰岩与含煤地层接触,与区域主采 2# 煤层及煤系发生水力联系,赋存在煤层中的瓦斯处于地下水强径流范围,造成鼓山以西的矿井煤中瓦斯大多逸散,矿井瓦斯含量较低;鼓山以东由于邯郸深大断裂的阻隔,地下水处于停滞状态,加之煤层埋深增加,上覆地层有效厚度增加,不利于瓦斯的逸散,造成鼓山东侧煤中瓦斯含量偏高,是造成矿井瓦斯涌出量相对较大的重要原因。

除了构造因素,岩浆岩分布也是控制瓦斯分布的又一重要因素。各矿区内主采 2# 煤层变质程度具有自南向北逐渐增高的特征,主要是燕山期岩浆岩侵入造成的异常热源叠加之区域地温导致的。不仅增加了煤中瓦斯的来源,且煤的变质程度增高,也增加了煤层对瓦斯的吸附能力,间接地控制了区内鼓山以东煤层瓦斯南部低北部高的布局。矿井内部瓦斯西低东高的格局主要受煤层埋深的影响,是由瓦斯保存条件决定的。

岩浆岩对瓦斯的影响是多方面的,在研究区域,矿井均受到不同程度的岩浆岩侵入,侵入时代为燕山中—晚期,使煤层大致呈现从南到北变质程度逐渐增大的规律,由于岩浆侵入不同,对于瓦斯赋存影响也不同。

此外,在构造控制下,煤层的埋藏深度的差异性也是控制矿井瓦斯分异的一个因素。

（2）燕山断褶带逆冲推覆构造对瓦斯赋存的影响

燕山断褶带逆冲推覆构造较为发育,并具有明显的方向性,如

图 6-2 所示,主要分布于河北宣化下花园以及兴隆一带,北京西山南部,具有基底卷入的厚皮构造性质和块断式变形特征[213]。尤其在开滦矿区、兴隆矿区,推覆构造发育,对含煤地层的影响较大,并对瓦斯赋存具有明显的控制作用。

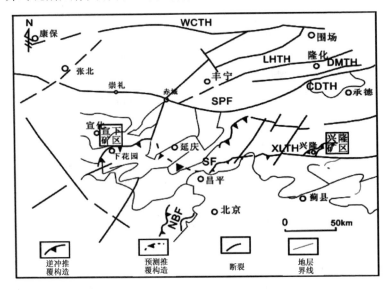

图 6-2　逆冲推覆构造分布简图(据文献[212],修改)

图 6-3 为燕山南麓瓦斯分布图,区域内汪庄矿位于兴隆煤田东部山谷中,受燕山期 NW—SE 向水平挤压作用发育有逆冲推覆构造,如图 6-4 所示,矿井内形成叠瓦式构造,井田内分布 21 条落差 50 m 以上的走向 EW、倾向向南的逆掩断层,将煤层切割成多个块段,煤层形成叠瓦式,除较大断层外,伴生的小断层普遍发育。密集发育的逆断层造成煤层叠瓦式分布,降低了煤体强度,提高了含煤地层井田内部的含煤密度,且断层挤压面封闭良好,此外,由于岩浆岩的侵入,煤层变质程度增高,煤级较高,瓦斯生成量相对较大,从而使得瓦斯的含量增高。

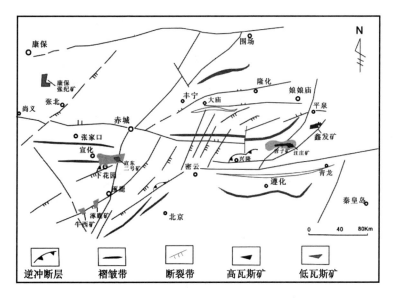

图 6-3 燕山南麓瓦斯分布特征

　　营子矿位于兴隆煤田中部,受岩浆作用煤的变质程度增大,以无烟煤、贫煤为主,生气量较多,同时井田内发育的逆冲断层等地质构造有利于瓦斯赋存,导致营子矿为高瓦斯矿区;鑫发煤田内褶皱断裂都较发育,煤质变化明显,煤层被切割,不具有联系性,瓦斯受其影响,分布较复杂,但由于上覆岩层透气性差,有利于瓦斯保存,导致煤层中瓦斯含量较高。涿鹿矿区和牛西矿区,断裂较发育,煤级较低,煤中瓦斯含量相对较小,煤层呈不连续块状,有利于煤中瓦斯的逸散而成为低瓦斯矿井。鸡鸣山—黄羊山逆掩断层发育于宣化煤田的东部,宣东二号煤矿整体构造简单,断层稀少,煤层无露头,处于间接受力状态,构造煤发育,瓦斯保存条件较好,瓦斯含量高。康保张纪矿井虽断裂不发育,但煤级较低,且上覆盖层较薄,不利于瓦斯保存,煤中瓦斯含量低。

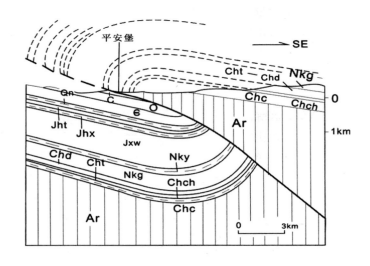

图 6-4　兴隆煤田及其临区逆冲推覆构造综合剖面图[212]

C——石炭系；O——奥陶系；Є——寒武系；Qn——青白口系；Jxt——铁岭组；

Jxh——洪水庄组；Jxw——雾迷山组；Nky——杨庄组；Nkg——高于庄组；

Chd——大红峪组

　　此外，在燕山断褶带还分布着河北省最大的矿区——开滦矿区，其瓦斯赋存也明显受构造控制，本书将之作为典型矿区来解剖，以探讨其矿区构造对瓦斯赋存的逐级控制特征。

　　研究分析表明，在燕山南麓分布一系列逆冲推覆构造，瓦斯的分布主要受到褶皱和断层的共同控制，在逆冲推覆构造形成及演化的过程中，形成了一系列的叠瓦式构造，煤层埋深相应增大，含煤密度变大，挤压作用使含煤地层的封闭性增强，加之区域性的岩浆作用使煤变质程度增大，瓦斯生成量大，导致推覆构造发育区瓦斯普遍较高，形成沿燕山褶断带的高瓦斯走廊，分布了一系列的高—突瓦斯矿井。

　　燕山断褶带岩浆岩侵入严重，导致煤级变高，煤层吸附性和孔隙性变大,瓦斯含量增大,而作为燕山岩浆活动带,燕山地区特征更为明显,张家口矿区宣东二号煤矿因岩浆侵入煤质为 1/3 焦煤,为煤与瓦斯突出矿井,其余三对生产矿井为气煤,均为低瓦斯矿井;开滦矿区的林南仓、吕家坨矿岩浆侵入区瓦斯也较其他区域高。

6.3.3 典型矿区解剖

6.3.3.1 开滦矿区瓦斯赋存特征

开滦矿区瓦斯含量整体范围为 $0\sim9$ m³/t,见图 6-5,其瓦斯梯度在不同区域有所差异,两翼梯度较小,轴部瓦斯含量梯度较大。

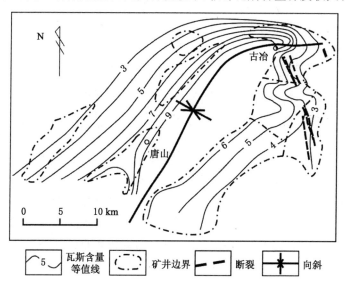

图 6-5 开滦矿区瓦斯含量等值线图

唐山矿位于开平煤田北西翼,为高瓦斯矿井,而马家沟矿、赵各庄矿为煤与瓦斯突出矿井,井田深部为主要的煤与瓦斯突出区域,瓦斯突出区域范围见图 6-6。唐山矿瓦斯含量为 $3.0\sim7.6$

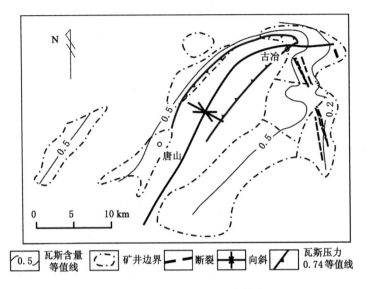

图 6-6　开滦矿区瓦斯压力等值线图

m^3/t,在已采区域,瓦斯含量相对较小,介于 $3.0 \sim 6.0$ m^3/t,瓦斯
压力值介于 $0.10 \sim 0.70$ MPa 之间,-850 m 以浅区域瓦斯压力
值小于 0.50 MPa,矿井范围内煤层埋深最深的 $1\ 100$ m 以深区
域,瓦斯压力值为 0.70 MPa,小于 0.74 MPa,结合相关参数分析,
矿井范围内不存在瓦斯突出危险性区域。煤层绝对瓦斯涌出量主
要受埋深、构造及开采方式的影响。马家沟矿总体瓦斯含量具有
随埋深加大而增加的趋势;赵各庄矿瓦斯含量随着埋深的增加由
3.6 m^3/t 增加到 8.8 m^3/t,瓦斯压力由 0.1 MPa 增加到 1.4
MPa,绝对瓦斯涌出量随埋深增加而逐渐递增,由 0 增加到 6.0
m^3/min。虽然整体上 9 煤层的封闭条件相对较差,瓦斯较易逸
散,但受局部地质构造的控制,9 煤层瓦斯预测瓦斯涌出量相对较
高。9 煤层瓦斯压力总体特征是西高东低,深部瓦斯压力明显高
于浅部,西部瓦斯突出的威胁明显高于东区,但东区局部地带也有

超过临界瓦斯压力的地方,在高度重视西部瓦斯治理中,要对东部瓦斯压力异常分布引起高度重视。

而位于开平向斜南东翼的林西矿、吕家坨矿、范各庄矿和钱家营矿均属于低瓦斯矿井。林西矿 9 煤层瓦斯含量介于 $2.8 \sim 4.8$ m^3/t,瓦斯压力值介于 $0.16 \sim 0.48$ MPa 之间,-850 m 以浅区域瓦斯压力值小于 0.40 MPa,矿井范围内煤层埋深 $1\,100$ m 以深区域,瓦斯压力值小于 0.74 MPa。在煤层埋深较大的区域,绝对瓦斯涌出量值可达到 1.75 m^3/min,其他煤层埋深相对较浅区域,瓦斯绝对涌出量基本上小于 1.5 m^3/min。在岩浆岩附近,瓦斯涌出量值存在异常增大的现象;吕家坨矿 9 煤层瓦斯含量范围为 $1.0 \sim$ 6.5 m^3/t,瓦斯压力为 $0.05 \sim 0.48$ MPa,瓦斯涌出量预测范围为 $0 \sim 10$ m^3/min,在埋深 400 m 以上为瓦斯风氧化带,瓦斯发生不同程度逸散,瓦斯含量较低,瓦斯压力较小,没有呈现出明显的瓦斯梯度规律,在 400 m 以下,瓦斯含量及压力随埋深逐渐增大,预测深部瓦斯压力及含量达到最大值;范各庄矿 9 煤层瓦斯含量范围为 $2.0 \sim 4.8$ m^3/t,瓦斯涌出量预测范围为 $0 \sim 1.8$ m^3/min,瓦斯压力为 $0.16 \sim 0.40$ MPa,低于防突规定所规定的临界瓦斯压力值 0.74 MPa,不具有突出危险性。在埋深 400 m 以上为瓦斯风氧化带,瓦斯发生不同程度逸散,瓦斯含量较低,瓦斯压力较小,没有呈现出明显的瓦斯梯度规律,在 400 m 以下,瓦斯含量及压力随埋深逐渐增大,预测深部瓦斯压力及含量达到最大值。

开平向斜周围的东欢坨、荆各庄矿和蓟玉煤田的林南仓矿也属于低瓦斯矿井。荆各庄 9 煤层瓦斯含量为 $3.2 \sim 3.5$ m^3/t,随深度变化梯度为 0.1 m^3/t;瓦斯压力为 $0.22 \sim 0.24$ MPa,随深度变化梯度为 0.008 MPa/100 m;瓦斯涌出量预测范围为 $0 \sim 0.6$ m^3/min,随深度变化梯度为 0.1 m^3/min;在埋深 150 m 以上为瓦斯风氧化带,瓦斯发生不同程度逸散,瓦斯含量较低,瓦斯压力较小。井田自身即为一个盆状向斜,向斜轴线偏居西侧,在此处瓦斯含量与涌出量达到最大。东欢坨矿 9 煤瓦斯涌出量在 $0.2\sim3.4$ m^3/min，随埋深增大而增高，至向斜核部均有增大趋势，瓦斯含量$4.0\sim6.8$ m^3/t；瓦斯压力为 $0.36\sim0.60$ MPa，随深度变化梯度为 0.03 MPa/100 m，低于防突规定所规定的临界瓦斯压力值 0.74 MPa，不具有突出危险性。林南仓矿 8—1 煤瓦斯含量随着埋藏深度的增加而增大，至向斜核部达到最大，为 3.6 m^3/t；矿井西部岩浆岩分布范围较大，造成煤变质程度增高，促进瓦斯的形成，然而矿井西部埋藏较浅，处于瓦斯风化带内，瓦斯含量略高于井田东部；瓦斯涌出量随埋深增大而增高，至向斜核部达到最大，为 8.25 m^3/min；瓦斯压力随埋深增大而增高，瓦斯梯度为 0.005 MPa/100 m，至向斜核部达到最大，为 0.272 MPa，未超过 0.74 MPa，林南仓矿本煤层没有煤与瓦斯突出危险性区域。

6.3.3.2 开滦矿区瓦斯赋存的构造逐级控制模式

不同规模的地质构造对瓦斯赋存的控制情况不同，大型构造奠定区域瓦斯赋存的基调，区内中型构造以带状控制为主，局部瓦斯的赋存情况则受小型和微型构造的控制。同时，不同的地质构造类型及其不同的部位亦对瓦斯的赋存产生影响。受构造演化与区域构造分布的控制，开滦矿区的煤层瓦斯的赋存存在明显的规律性，主要表现在如下几个方面：

（1）瓦斯赋存区域控制

开平煤田位于燕山南麓，其构造格局的形成及其演化与华北板块的构造演化密切相关，而燕山地区是华北板块内部的一个发育强烈变形和岩浆活动的特殊地区，燕山地区构造演化对开平煤田的形成和演化起着重要的控制作用。由于挤压、剪切应力作用形成构造煤，且构造煤的特征及分布是高瓦斯矿井的必要条件，高瓦斯矿井的分布与不同级别的挤压、剪切作用有关，受不同级别的构造控制，开滦矿区北西翼高瓦斯带的存在主要受到西伯利亚板块与华北板块碰撞导致局部应力集中、地层陡峭、逆冲推覆构造发育,从而导致高瓦斯矿区瓦斯赋存模式,形成高瓦斯逆冲推覆带。

（2）矿区规模的构造

开滦矿区的煤矿主要分布在两个煤田（开平煤田与蓟玉煤田）中的三个向斜构造中,不同的向斜构造控制了煤层瓦斯的赋存特征:开平向斜的瓦斯相对较高,特别是向斜的 NW 翼,瓦斯明显偏高,发育有马家沟煤矿、赵各庄煤矿等煤与瓦斯突出矿井,唐山煤矿等高瓦斯矿井;而分布于车轴山向斜的东欢坨煤矿则是典型的低瓦斯矿井。

（3）各向斜构造中瓦斯赋存的分异性

向斜构造轴部及附近容易形成高应力、高瓦斯压力及煤体结构破坏等是发生煤与瓦斯突出所需要的主要因素,向斜构造的几何形态造成了其高瓦斯压力和高瓦斯含量特征;向斜构造的运动特征造成了其煤体结构破坏、构造煤发育特征。向斜构造轴部及附近一定范围内的高应力及高应力梯度是其发生煤与瓦斯突出的应力条件。总的来说,向斜构造煤与瓦斯突出缘于向斜的几何学、运动学和动力学特征,其中向斜的动力学特征是核心因素。

相对于车轴山向斜、林南仓向斜等独立矿井而言,开平向斜内分布了开滦矿区 10 对生产矿井中 8 对矿井,由于开平向斜面积较大,构造分异性强,导致瓦斯赋存规律上存在明显的差异,表现在以向斜轴为分界明显可以分为两个不同的瓦斯赋存带:NW 翼高瓦斯带和 SE 翼低瓦斯带,见图 6-7。即便在同一瓦斯赋存带内,沿走向不同部位瓦斯赋存也不一致,如:NW 翼高瓦斯带明显表现为从 NE 向 SW 瓦斯危害在减弱,由突出矿井变为高瓦斯矿井,主要受控于开平向斜构造控制,开平向斜北西翼,地层陡立,甚至倒转,纵向逆断层发育,多为构造煤,水力封堵较好,瓦斯保存条件好,致使唐山矿为高瓦斯矿井,马家沟矿和赵各庄矿为煤与瓦斯突出矿井,而开平向斜南东翼地层较缓,瓦斯运移方向与地下水的流动方向相同,地下水的流动作用加速了煤层气的溶解和运移,从而打破了煤层中原有的吸附—游离—溶解瓦斯的平衡,不断地有吸附态瓦斯被解吸而溶解带走泄出,导致煤层的吸附瓦斯、空隙中的游离瓦斯不断减少,发育一系列低瓦斯矿井。

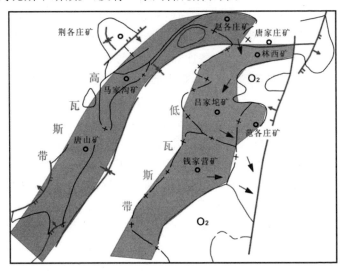

图 6-7　开平向斜瓦斯分布示意图

(4) 矿井范围构造控制了矿井瓦斯的赋存

对于单个矿井而言,井田构造是区内瓦斯赋存的主控因素。地质构造的封闭与否,直接控制瓦斯的赋存情况。褶皱的不同部位,岩层封闭情况有差异,导致瓦斯赋存的不同。具体而言,背斜轴部,张性节理发育,岩层封闭能力较弱;若盖层不透气,且背斜闭合完整,则瓦斯富集。向斜轴部,压性或压扭性节理发育,岩层封闭能力较强。不同性质的断裂构造对瓦斯赋存的影响不同,即:张性断层则相反,易于瓦斯逸散;压性、压扭性断层因其受到较大压应力作用,对煤层中瓦斯的保存有利。

就区内赵各庄井田而言,地层呈弧形弯曲,根据地质构造特征可将井田构造分为三个构造区,见图 6-8。Ⅰ区属于井田的西部边界区域,受 NW 向挤压应力作用,断层为逆冲、压扭性断层,呈雁形状排列,阻碍了瓦斯的逸散,有利于瓦斯的保存;Ⅱ区南部以正断层为主,导致瓦斯逸散,但在逸散过程中,受到北部逆断层封堵,形成局部瓦斯富集,并在实际开采中得到证明;Ⅲ区断层发育较少,主要构造为开平向斜,向斜核部瓦斯含量相对较高。

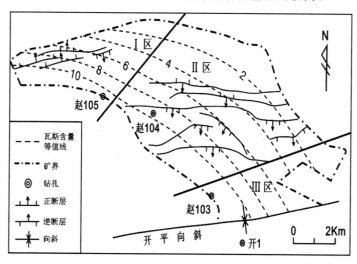

图 6-8　赵各庄井田构造与 9 煤煤层瓦斯含量关系图

6.3.4　河北省煤矿区瓦斯分带

河北省煤矿区主要包括邯郸矿区、峰峰矿区、邢台矿区、井陉矿区、开滦矿区、张家口矿区、兴隆矿区、蔚州矿区 8 个主要煤炭生产矿区,见图 2-3,包含 51 对生产矿井,其煤级从气煤到无烟煤均有分布,其中煤与瓦斯突出矿井 7 对,高瓦斯矿井 12 对,低瓦斯矿井 32 对,其所占比例如图 6-9 所示。

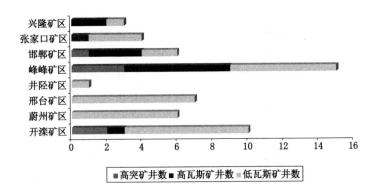

图 6-9　河北省各矿区矿井瓦斯等级分布图

河北省煤矿区因煤层赋存地质条件不同导致瓦斯分布的差异性,高瓦斯区域主要分布在开平向斜西北翼、下花园八宝山、灵山煤田、柳江盆地东翼、兴隆—宽城—松树台和邯邢煤田鼓山东侧深部等地区。高瓦斯带包括开平煤田北西翼高突带、下花园八宝山高突带、邯邢煤田鼓山东侧深部高瓦斯带和兴隆—宽城—松树台高瓦斯带,见图 6-10。其高瓦斯区域形成主要原因为以下几个方面:① 矿井处在燕山褶皱带与新华夏构造的复合部位;② 矿区逆掩断层、推覆构造等压性构造存在;③ 处于褶皱轴部转折端构造应力集中部位,煤层瓦斯具有突出危险性;④ 封闭型断块密集带瓦斯赋存条件较好,不利于逸散。

低瓦斯带包括开平煤田东南翼低瓦斯带、蓟玉煤田低瓦斯带、井陉断陷盆地低瓦斯带和邯邢煤田低瓦斯带,由于这些区域高倾角正断层为主,井田构造多为断向斜、断背斜或单斜构造,岩浆岩侵入严重,瓦斯风氧化带较深,不利于瓦斯赋存,矿井瓦斯等级为低瓦斯矿井,但在矿井深部会出现高瓦斯异常区。

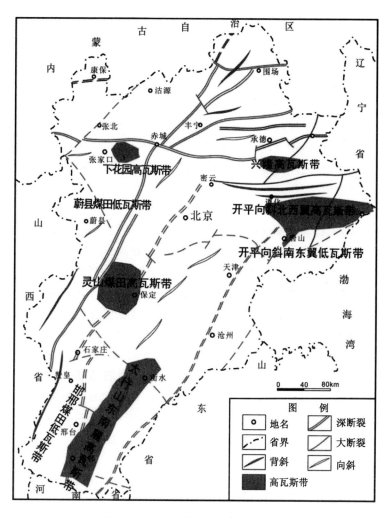

图 6-10　河北省煤矿瓦斯分布示意图

6.4 小 结

（1）河北省煤矿瓦斯分布具有一定的规律性,特别是高瓦斯矿井和煤与瓦斯突出矿井的分布明显受控于 EW 向燕山褶断带和 NNE 太行山构造带两大构造带。太行山断裂带受多期构造作用与岩浆的分异活动,形成 NE 向的高瓦斯矿井分布带,构成太行山东麓高瓦斯走廊;燕山断褶带以岩浆热变质作用为主,构造上以挤压、褶皱、逆冲推覆为主,利于瓦斯赋存,构成一系列高/突矿井分布带。

（2）开滦矿区位于燕山南麓,燕山地区构造演化对矿区的形成和演化起着重要的控制作用。高瓦斯矿井位于燕山断褶带,受高应力带、挤压剪切作用,形成构造煤,是煤与瓦斯突出危险区存在的必要条件。因开平向斜面积较大,构造分异性强,使瓦斯赋存规律存在明显差异,以向斜轴为界分两个不同的瓦斯赋存带:NW翼高瓦斯带和 SE 翼低瓦斯带。单个矿井瓦斯赋存则主要受井田构造控制。

（3）河北省煤矿区因煤层赋存地质条件不同导致瓦斯分布的差异性,高瓦斯带包括开平煤田北西翼高突带、下花园八宝山高突带、邯邢煤田鼓山东侧深部高瓦斯带和兴隆—宽城—松树台高瓦斯带;低瓦斯带包括开平煤田东南翼低瓦斯带、蓟玉煤田低瓦斯带、井陉断陷盆地低瓦斯带和邯邢煤田低瓦斯带。

7　结　　论

本书以河北省煤矿区瓦斯地质为研究对象,运用板块构造理论、构造地质学理论、瓦斯赋存的构造逐级控制理论、瓦斯(煤层气)地质理论等理论方法,以构造演化为主线,解析动力学背景和区域岩浆活动,探讨了河北省地质构造特征及其演化,以及对瓦斯的生、储、盖的影响;并结合区域地质背景和矿区构造特征,揭示不同尺度构造演化对河北省煤矿区瓦斯赋存的逐级控制机理,综合研究矿区瓦斯赋存的控制因素,阐明了河北省煤矿区的瓦斯地质规律,取得了以下主要成果:

(1) 河北省构造规律及其演化史

自石炭—二叠纪煤层形成以来,河北省至少经历了海西—印支期、燕山早—中期、燕山晚期—喜马拉雅早期和喜马拉雅晚期—现今等四期构造应力场作用,构造上主要分为冀北隆起带、燕山断褶带、太行山断坡带和冀东南沉降带 4 个二级构造分区。河北省煤矿区瓦斯赋存主要受燕山断褶带和太行山断裂带控制,区内主要断裂构造带可以划分为近 EW 向、NNE 向、NW—NNW 向、NE 向和 SN 向等 5 个方向,其中以 NNE 向和近 EW 向断裂最为发育;主要褶皱为控制开平煤田的开平向斜和邯邢煤田的鼓山—紫山背斜。

(2) 构造演化控制了瓦斯生成与保存

河北省含煤地层在形成后,受多期构造应力场的作用,燕山期和喜马拉雅期对区域构造影响重大。在构造控制下河北省不同地区的煤层经历了不同的埋藏历程,导致不同的瓦斯生成、赋存与逸散过程。在此期间,煤中有机质发生多次不同规模的生气作用,而其煤层特征与生成的气(瓦斯)保存与逸散状态是目前矿井瓦斯的直接基础。

对河北省不同煤田的煤层埋藏瓦斯赋存逸散类型进行了划分,结合各矿区的煤层埋藏史从瓦斯生成、赋存和逸散的角度分析各矿井瓦斯差异,本省各矿区矿井煤层瓦斯埋藏类型大致可分为两种类型:W 型、V 型。W 型为煤层经历 2 次埋藏过程,煤中有机质经历了两次生气历程,主要发育在开滦矿区、邢台矿区、峰峰矿区、邯郸矿区和兴隆矿区;V 型为煤层经历了一次埋藏—生气历史,主要发育与蔚州矿区和张家口矿区。

(3)太行山断裂带瓦斯赋存的构造控制

在太行山断裂东南翼,大中型断裂的发育控制着瓦斯的分布特征,以鼓山—紫山背斜为界,在西翼大中型断裂较为发育,井田被切割成地堑、地垒和阶梯状断块,部分断裂导通上覆基岩不整合面,提供了瓦斯逸散的有利条件,造成断层尤其是大断层附近,煤层瓦斯含量降低,沿 NNE 向大型断层周边形成一定范围的瓦斯排放带;在东侧发育总体走向 NNE 的单斜构造,有利于瓦斯的富集,因此在太行山东侧形成 NNE 向条带状高瓦斯带。瓦斯由于深大断裂和地下水的控制而呈现"西低东高,南小北大"的态势,燕山期岩浆侵入低煤级煤使得煤层孔隙度和吸附能力增大,间接控制了鼓山以东煤层瓦斯南部低北部高的格局。

(4)燕山断褶带瓦斯赋存的构造控制

燕山褶断带,以岩浆热变质作用为主的中、高变质烟煤、无烟煤带(超高变质无烟煤除外),构造上以挤压、褶皱、逆冲推覆为主,构造演化过程中,形成叠瓦式构造,使得区域煤层埋深增加,含煤密度加大,同时挤压作用导致了煤层的封闭性增强,加之区域性的岩浆作用使煤变质程度增大,瓦斯生成量大,导致推覆构造发育区瓦斯普遍较高,形成沿燕山褶断带的高瓦斯走廊,分布了一系列的高—突瓦斯矿井。

（5）开滦矿区瓦斯赋存的构造控制

开滦矿区位于燕山南麓,燕山地区构造演化对矿区的形成和演化起着重要的控制作用。矿区内高瓦斯矿井位于燕山断褶带,受高应力带、挤压剪切作用,形成构造煤,其煤体特征及分布是煤与瓦斯突出危险区存在的必要条件。开滦矿区的煤矿主要分布在两个煤田（开平煤田与蓟玉煤田）中的三个向斜构造中,不同的向斜构造控制了煤层瓦斯的赋存特征。开平向斜内分布了开滦矿区10对生产矿井中的8对矿井,由于开平向斜面积较大,构造分异性强,导致瓦斯赋存规律上存在明显的差异,表现在以向斜轴为分界明显可以分为两个不同的瓦斯赋存带:NW翼高瓦斯带和SE翼低瓦斯带。对于单个矿井而言,瓦斯赋存主要受井田构造控制。

（6）河北省瓦斯赋存的构造逐级控制

河北省隶属于华北板块,其构造演化受控于华北板块,印支期及其以后的构造作用对古生界煤层产生了强烈的改造作用,使煤层赋存状态复杂化,进而导致煤层瓦斯赋存的变化。不同板块、不同区域、不同矿区、不同矿井都存在着不同级别的构造挤压剪切带。在华北地区的北缘,受西伯利亚板块碰撞对接影响,存在着东西向的阴山、燕辽挤压剪切带,控制着该地区高瓦斯矿井、矿区的分布。在华北中部,因燕山期受太平洋库拉板块碰撞挤压作用而形成NNE—NE向展布的太行山挤压剪切带,控制着太行山东南麓高瓦斯带。区内岩浆活动相当发育,以燕山褶皱带和太行山山前断裂带较发育。多期次的火山活动形成了大量的岩浆岩,侵入含煤地层对煤层的破坏和影响程度很大,并使得煤层在深成变质作用上叠加了岩浆热变质作用,对区内部分矿区的煤层瓦斯赋存影响显著。

河北省区域构造受控于华北板块,省内高瓦斯带主要受到中型构造燕山断褶带和太行山断裂带的控制。各矿区不同级别构造控制着不同范围瓦斯赋存,矿区规模的构造控制着矿区的瓦斯分布,各向斜构造中存在瓦斯赋存的分异性,对于单个矿井而言,各煤层瓦斯赋存与矿井区域瓦斯赋存也存在着明显差异性,瓦斯赋存主要受断裂构造、水文条件、岩浆岩分布的控制。

(7) 河北省煤矿区瓦斯分带

河北省煤矿区因煤层赋存地质条件不同导致瓦斯分布的差异性,高瓦斯区域主要分布在开平向斜西北翼、下花园八宝山、灵山煤田、柳江盆地东翼、兴隆—宽城—松树台和邯邢煤田鼓山东侧深部等地区。高瓦斯带包括开平煤田北西翼高突带、下花园八宝山高突带、邯邢煤田鼓山东侧深部高瓦斯带和兴隆—宽城—松树台高瓦斯带。低瓦斯带包括开平煤田东南翼低瓦斯带、蓟玉煤田低瓦斯带、井陉断陷盆地低瓦斯带和邯邢煤田低瓦斯带,由于这些区域高倾角正断层为主,井田构造多为断向斜、断背斜或单斜构造,岩浆岩侵入严重,瓦斯风氧化带较深,不利于瓦斯赋存,矿井瓦斯等级为低瓦斯矿井,但在矿井深部会出现高瓦斯异常区。

参 考 文 献

[1] 张子敏.瓦斯地质学[M].徐州:中国矿业大学出版社,2009.

[2] 蔡峰.煤巷掘进过程中煤与瓦斯突出机理的研究[D].合肥:安徽理工大学,2005.

[3] 蒋承林,俞启香.煤与瓦斯突出的球壳失稳机理及防治技术[M].徐州:中国矿业大学出版社,1998.

[4] 胡千庭.高效防治煤与瓦斯突出技术的研究[J].淮南工业学院学报,2002,22(4):11-14.

[5] 朱连山.煤与瓦斯突出机理浅析[J].矿业安全与环保,2002,29(2):23-25.

[6] 王省身.矿井灾害防治理论与技术[M].徐州:中国矿业大学出版社,1997.

[7] 俞启香.矿井瓦斯防治[M].徐州:中国矿业大学出版社,1993.

[8] 于不凡,王佑安.煤矿瓦斯灾害防治及利用技术手册[M].北京:煤炭工业出版社,2000.

[9] 翟兆华.2001～2008年我国煤矿瓦斯事故统计及原因分析[J].科技情报开发与经济,2009,19(21):139-141.

[10] 刘国林,潘懋,谢宏,等.葛泉煤矿南翼瓦斯地质特征[J].地质力学学报,2009,15(3):315-320.

[11] 曹运兴,彭立世,侯泉林.顺煤层断层的基本特征及其地质意义[J].地质论评,1993,39(6):522-528.

[12] 刘红军.长平矿井地质构造特征与瓦斯赋存规律分析[J].煤

炭工程,2005(4):50-51.

[13] 甘岳萍,胡运生.低瓦斯矿井中高瓦斯区的瓦斯处理[J].煤矿安全,2001(9):24-25.

[14] 宋荣俊,李佑炎.皖北刘桥二矿断裂构造对瓦斯的控制作用[J].江苏煤炭,2002,4:9-11.

[15] 崔思华,彭秀丽,鲜保安,等.沁水煤层气田煤层气成藏条件分析[J].天然气工业,2004,24(5):14-16.

[16] 王红岩,张建博,李景明,等.中国煤层气富集成藏规律[J].天然气工业,2004,24(5):11-13.

[17] 汪忠德,阮洋,李向东.中国煤层气勘探开发技术进展浅析[J].石油天然气学报(江汉石油学院学报),2008,30(2):517-519.

[18] 刘洪林.中国煤层气资源及其勘探开发潜力[J].石油勘探与开发,2001,28(1):9-11.

[19] 宋岩,张新民,柳少波.中国煤层气基础研究和勘探开发技术新进展[J].天然气工业,2005,25(1):1-7.

[20] 姜波,秦勇,金法礼.高温高压下煤超微构造的变形特征[J].地质科学,1998,33(1):17-24.

[21] 朱兴珊,徐凤银,李全一.南桐矿区破坏煤发育特征及其影响因素[J].煤田地质与勘探,1996,24(2):28-30.

[22] 姜波,王桂梁.煤田断裂构造岩分类研究[J].中国煤田地质,1990,2(2):1-3.

[23] 姜波,秦勇.变形煤结构演化机理及其地质意义[M].徐州:中国矿业大学出版社,1998.

[24] 冯明,宫辉力,陈力.煤层瓦斯形成的构造地质条件及瓦斯灾害预防[J].自然灾害学报,2006,15(2):115-119.

[25] 琚宜文,王桂梁.煤层流变及其与瓦斯突出的关系[J].地质论评,2002(1):45-49.

［26］韩军,张宏伟,霍丙杰.向斜构造煤与瓦斯突出机理探讨［J］.
煤炭学报,2008,33(8):908-913.

［27］赵志根,唐修义.淮南矿区煤层结构破坏特征的研究［J］.安
徽地质,1998,8(3):55-57.

［28］薛喜成,高雅翠.淮南煤田煤体结构分布特征及其控制因素
探讨［J］.西安科技大学学报,2006,26(2):163-165.

［29］刘明举,孟磊,刘彦伟.潘三矿 C13-1 煤层构造软煤分布特征
及其主控因素分析［J］.煤炭工程,2010,1:46-49.

［30］周世宁,林柏泉.煤层瓦斯赋存与流动理论［M］.北京:煤炭
工业出版社,1998.

［31］焦作矿业学院瓦斯地质研究室.瓦斯地质概论［M］.北京:煤
炭工业出版社,1990.

［32］张祖银,张子敏.1:200 万中国煤层瓦斯地质图编制［M］.西
安:西安地图出版社,1992.

［33］吉马科夫 B M.为解决采矿安全问题而预测含煤地层瓦斯含
量的地质基础［C］//煤炭工业部科技情报所.第十七届国际
采矿安全研究会议论文集.北京,1980.

［34］彼特罗祥 A Э.煤矿沼气涌出［M］.宋世钊,译.北京:煤炭工
业出版社,1980.

［35］SHEPHERD J,RIXON L K,GRIFFITHS L. Outbursts and
geological structures in coal mines［J］. International Journal
of Rock Mechanics and Mining Sciences & Geomechanics
Abstracts,1981,18(6):121.

［36］DAVID P CREEDY. Geological controls on the formation
and distribution of gas in British coal measure strata［J］. In-
ternational Journal of Coal Geology,1988,10(1):1-31.

［37］克·姆·保依,袁俊明.从煤层抽放和回收瓦斯［J］.煤矿安
全,1986(5):2-8.

[38] FRODSHAM K, GAYER R A. The impact of tectonic deformation upon coal seams in the South Wales coalfield, UK [J]. International Journal of Coal Geology, 1999, 38(3-4):297-332.

[39] BIBLER C J, MARSHALL J S, PILCHER R C. Status of worldwide coal mine methane emissions and use[J]. International Journal of Coal Geology, 1998, 35(1-4):283-310.

[40] HUOYIN LI, YUJIRO OGAWA. Pore structure of sheared coals and related coalbed methane[J]. Environmental Geology, 2001, 40(11):1455-1461.

[41] 张子敏,张玉贵.瓦斯地质规律与瓦斯预测[M].北京:煤炭工业出版社,2006.

[42] 袁伟,朱炎铭,姚海鹏.羊叉滩井田瓦斯分布的构造控制[J].黑龙江科技学院学报,2007,3:190-198.

[43] 张子敏,谢宏,陈双科.控制邢台矿井田瓦斯赋存特征的地质因素[J].煤炭科学技术,1995,23(12):26-29.

[44] 王生全,李树刚,王桂荣,等.韩城矿区煤与瓦斯突出主控因素及突出区预测[J].煤田地质与勘探,2006,34(3):36-39.

[45] 王生全,王英.石嘴山一矿地质构造的控气性分析[J].中国煤田地质,2000,12(4):31-34.

[46] 曹新款,朱炎铭,赵雯,等.羊叉滩井田地下水与煤层赋存运移的关系[C]//煤层气储层与开发工程研究进展(2009亚洲太平洋国际煤层气会议暨2009年全国煤层气学术研讨会论文集).2009.

[47] 池卫国.沁水盆地煤层气的水文地质的控制作用[J].石油勘探与开发,1998,25(3):15-18.

[48] 赵庆波,李五忠,孙粉锦.中国煤层气分布特征及高产富集因素[J].石油学报,1999,18(4):1-6.

[49] 刘俊杰.王营井田地下水与煤层气赋存运移的关系[J].煤炭学报,1998,23(3):225-230.

[50] 王怀勐,朱炎铭,李伍,等.煤层气赋存的两大地质控制因素[J].煤炭学报,2011,36(7):1129-1134.

[51] 王兆丰,张子戊,张子敏.瓦斯地质研究与应用[M].北京:煤炭工业出版社,2003.

[52] 王生会.煤层瓦斯含量的主要控制因素分析及回归预测[J].煤炭科学技术,1997,25(9):45-47.

[53] 王以峰,王彬章,赵雪兵.岩浆岩侵入对下部煤层瓦斯赋存的影响[J].煤炭科技,2007,3:84-88.

[54] 邵强,王恩营,王红卫,等.构造煤分布规律对煤与瓦斯突出的控制[J].煤炭学报,2010(2):20-25.

[55] 琚宜文,姜波,王桂樑,等.构造煤结构及储层物性[M].徐州:中国矿业大学出版社,2005.

[56] 曹运兴,彭立世,侯泉林.顺煤层断层的基本特征及其地质意义[J].地质论评,1993,36(6):522-528.

[57] 曹代勇,张守仁,任德贻.构造变形对煤化作用过程的影响[J].地质论评,2002,18(3):313-317.

[58] 张玉贵.构造煤演化与力化学作用[D].太原:太原理工大学,2006.

[59] 魏建平,陈永超,温志辉.构造煤瓦斯解吸规律研究[J].煤矿安全,2008(8):1-3.

[60] 盛建海,苏现波.河南省下二叠统山西组二1煤煤层气地质特征[J].煤田地质与勘探,1999,27(6):33-37.

[61] STACH E,MURCHISON D G. Stach's textbook of coal petrology[M]. Bedin:Gebruder Bomtmeger,1982.

[62] 盛建海,李西安.沁水盆地中生代构造热事件发生时期的确定[J].中国煤田地质,1997,9(3):43-47.

［63］王生全.河南省山西组煤层气储层渗透性初步评价［J］.煤田地质与勘探,2002,30(1):21-24.

［64］苏现波.煤层气储集层的孔隙特征［J］.焦作工学院学报,1991,17(1):6-11.

［65］AYERS W B. Coalbed gas systems, resources, and production and a review of contrasting cases from the San Juan and Powder River basins［J］. AAPG Bulletin,2002,86(11): 1853-1890.

［66］KOTARBA M J, LEWAN M D. Characterizing thermogenic coalbed gas from polish coals of different ranks by hydrous pyrolysis［J］. Organic Geochemistry, 2004, 35 (5): 615-646.

［67］PIEDAD SANCHEZ N, IZART A,MARTINEZ L,et al. Pale other micity in the Central Asturian Coal Basin, North Spain［J］. International Journal of Coal Geology, 2004, 58 (4):205-229.

［68］KOTARBA M J. Composition and origin of coalbed gases in the Upper Silesian and Lublin basins, Poland［J］. Organic Geochemistry,2001,32(1):163-180.

［69］LAXMINARAYNA C, CROSDALE P J. Controls on methane sorption capacity of Indian coals［J］. AAPG Bulletin,2002,86(2):201-212.

［70］PITMAN J K, PASHIN J C, HATCH J R, et al. Origin of minerals in joint and cleat systems of the Pottsville Formation, Black Warrior basin, Alabama: Implications for coalbed methane generation and production［J］. AAPG Bulletin,2003,87(5):713-731.

［71］SHI J Q, DURUCAN S. Drawdown induced changes in

permeability of coalbeds: A new interpretation of the reservoir response to primary recovery[J]. Transport in Porous Media,2004,56(1):1-16.

[72] ZHANG HONGWEI,CHEN XUEHUA,NAN YUE. The Regional Prediction of Tectonic Stress in-Vingin Rock Mass [C]//APCOM'99 国际会议论文集. 美国:Colorado,1999:103-109.

[73] 罗新荣. 煤层甲烷储运理论与预测方法[J]. 矿业安全与环保,1999(4):23-25.

[74] JU YIWEN,WANG GILIN,JIANG BO,et al. Microcosmic analysis of ductile shearing zones of coal seams of brittle deformation domain in superficial lithosphere[J]. Science in China Series D:Earth Sciences,2004,47(5):393-404.

[75] LI HUOYIN, YUJIRO OGAWA, SOHEI SHIMADA. Mechanism of methane flow through sheared coals and its role on methane recovery[J]. Fuel,2003,82:1271-1279.

[76] ZHANG YUGUI,CAO YUNXING,XIE HONGHAO,et al. Morphological and structural features of tectonic coal [C]//LI B Q,LIU Z Y. 10th Internation Conference on Coal Science. Taiyuan:Shanxi Science & Technology Press,1999.

[77] LI BAOQIN,LIU SHENGYU. The 10th International Conference on Coal Science[M]. Taiyuan: Shanxi Science & Technology Press, 1999.

[78] ZHANG YUGUI, WANG B J, CAO YUNXING. Coal mechano-chemstry action and colliery gas disaster [C]// Proceeding of the 5th international symposium on mining science and technology. Beijing: Science Press, 2004:

876-880.

[79] CAO YUNXING, DAVISA, LIU R, et al. The influence of tectonic deformation on some geochemical properties of coals a possible indicator of outburst potential[J]. International Journal of Coal Geology,2003,53(2):69-79.

[80] 傅雪海,秦勇,韩训晓,等.煤层气运聚与水文地质关系研究述评[C]//宋岩,张新民.煤层气成藏机制及经济开采理论基础.北京:科学出版社,2005:152-157.

[81] 叶建平,武强,王子和.水文地质条件对煤层气赋存的控制作用[J].煤炭学报,2001,26(5):459-462.

[82] 张建博,王红岩.中国煤层气地质[M].北京:地质出版社,2000:15-30.

[83] 孙义娟,张新生.河北省开平煤田煤层气成藏条件浅析[J].中国煤层气,2009,6(1):22-27.

[84] 宋岩,秦胜飞,赵孟军.中国煤层气成藏的两大关键地质因素[J].天然气地球科学,2007,18(4):545-552.

[85] 曹新款,朱炎铭,王道华,等.郑庄区块煤层气赋存特征及控气地质因素[J].煤田地质与勘探,2011,39(1):16-23.

[86] 王红岩,张建博,刘洪林.沁水盆地南部煤层气藏水文地质特征[J].煤田地质与勘探,2001,29(5):33-36.

[87] QIN YONG, FU XUEHAI, JIAO SIHONG, et al. Key geological controls to formation of coalbed m ethane reservoirs in southern Qinshui Basin of China: II, Modern tectonic stress field and burial depth of coal reservoirs [C]// US Environmental Protection Agency, ed. Proceedings of the 2001 International Coalbed Methane Symposium. Berminhanm: The University of Alabama,2001:363-366.

[88] 傅雪海,秦勇,王文峰,等.沁水盆地中-南部水文地质控气特

征[J].中国煤田地质,2001,13(1):31-34.

[89] 秦胜飞,宋岩,唐修义,等.水动力条件对煤层气含量的影响——煤层气滞留水控气论[J].天然气地球科学,2005,16(2):149-152.

[90] 刘洪林,李景明,王红岩,等,水动力对煤层气成藏的差异性研究[J].天然气工业,2006,26(3):35-37.

[91] 宋岩,秦胜飞,赵孟军.中国煤层气成藏的关键地质因素[J].天然气地球科学,2007,18(4):545-552.

[92] 杨起,任德贻.中国煤变质问题的探讨[J].煤田地质与勘探,1981(2):1-10.

[93] 杨起,潘治贵.区域岩浆地热作用及其对我国煤变质的影响[J].现代地质,1987,1(1):123-130.

[94] 杨起.中国煤变质研究[J].地球科学——中国地质大学学报,1989,14(4):341-345.

[95] 王泰.同忻井田煌斑岩侵入特征及对煤层煤质的影响[J].煤田地质与勘探,2002,30(5):11-13.

[96] 袁同星.确山吴桂桥井田岩浆岩对煤层煤质的影响[J].中国煤田地质,2001,13(2):16-17.

[97] 范士彦,谢波.宁阳汶上煤田岩浆岩特征及对煤层煤质的影响[J].中国煤田地质,2000,12(4):15-17.

[98] 刘松良,郭剑萍.山东黄河北煤田岩浆岩特征及其对煤层煤质的影响[J].中国煤田地质,2003,15(6):19-20.

[99] 卢平,鲍杰,沈兆武.岩浆侵蚀区煤层孔隙结构特征及其对瓦斯赋存之影响分析[J].中国安全科学学报,2001,11(6):41-44.

[100] 乔康存,赵玉明.安林煤矿岩浆岩侵入对煤层瓦斯赋存的影响[J].煤矿安全,2003,34(10):4-6.

[101] 刘洪林,王红岩,赵国良,等.燕山构造热事件对太原西山煤

层气高产富集影响[J]. 天然气工业,2005,25(1):29-32.

[102] 王晓鸣. 煌斑岩侵入对煤层赋存规律的影响分析[J]. 煤炭科学技术,2006,34(5):74-76.

[103] 安鸿涛,康彦华,孙四清. 岩浆侵入破坏区煤层瓦斯地质规律[J]. 矿业安全与环保,2010,37(5):52-54.

[104] LI WU,ZHU YANMING,CHEN SHANGBING. Response of coal reservoir porosity to magma intrusion in the Shandong Qiwu Mine,China[J]. Mining Science and Technology(China),2011,22(1):1-6.

[105] LI WU,ZHU YANMING,WANG HUI,et al. The Response of Porosity Properties of Low-grade Coal Reservoirs to Magma Invasive[C]//Advances on CBM Reservoir and Developing Engineering(2009 亚洲太平洋国际煤层气会议暨 2009 年全国煤层气学术研讨会论文集). 2009: 114-118.

[106] 韦重韬. 煤层甲烷地质演化史数值模拟[M]. 徐州:中国矿业大学出版社,1999:79.

[107] 赵雯,朱炎铭,王怀勐,等. 开滦矿区东欢坨煤矿瓦斯涌出规律分析[J]. 矿业安全与环保,2011,38(1):60-63.

[108] 王勃,姜波,王红岩,等. 低煤阶煤层气藏水动力条件的物理模拟实验研究[J]. 新疆石油地质,2006,27(2):176-177.

[109] 王红岩,李景明,李剑,等. 中国不同煤阶煤的煤层气成藏特征对比[C]//中国煤炭学会煤层气专业委员会. 中国煤层气勘探开发利用技术进展. 北京:地质出版社,2006:191-193.

[110] GAYER R,HARRIS I. Coalbed Methane and Coal Geology[J]. The Geological Society London,1996:1-38.

[111] PASHIN J C,CHANDLER R V,MINK R M. Geologic controls on occurrence and producibility of coalbed meth-

ane,Oak Giove Field,Black Warrior Basin[C]//Alabama Proceedings International CoMbed Methane Symposium,1989:203-209.

[112] 宋岩,张新民.煤层气成藏机制及经济开采理论基础[M].北京:科学出版社,2005:140-151.

[113] WEI CHONGTAO, QIN YONG, GEOFF G X WANG, et al. Simulation study on evolution of coalbed methane reservoir in Qinshui basin,China[J]. International Journal of Coal Geology,2007,72:53-69.

[114] WANG BO, LI JINGMING, ZHANG YI,et al. Geological characteristics of low rank coalbed methane,China[J]. Petroleum Exploration and Development,2009,36(1):30-34.

[115] 孙昌一.地质构造对煤层瓦斯赋存与分布的控制作用——以任楼井田为例[D].淮南:安徽理工大学,2006.

[116] 包茨.天然气地质学[M].北京:科学出版社,1988.

[117] 席先武,彭格林,雷小青.新集地区及外围煤层气构造-热演化模拟研究[J].大地构造与成矿学,2001,25(3):21-24.

[118] 李小明,彭格林,席先武.淮南煤田的构造热演化特征与煤层气资源的初步研究[J].矿物学报,2002,22(1):85-90.

[119] 王仲平,朱炎铭,闫宝珍.山西枣圆地区构造演化与煤层气成藏[J].煤田地质与勘探,2004,32(5):21-23.

[120] 汤达祯,秦勇,胡爱梅.煤层气地质研究进展与趋势[J].石油实验地质,2003,25(6):644-647.

[121] 张新民,张遂安.中国的煤层甲烷 [M].西安:陕西科学技术出版社,1991.

[122] YAO YANBIN, LIU DAMENG, TANG DAZHEN, et al. Preliminary evaluation of the coalbed methane production potential and its geological controls in the Weibei

Coalfield，Southeastern Ordos Basin，China[J]. International Journal of Coal Geology，2009，78：1-15.

[123] 屈争辉,姜波,汪吉林,等.淮北地区构造演化及其对煤与瓦斯的控制作用[J].中国煤炭地质,2008,20(10):34-37.

[124] 徐茂政.淮北煤田瓦斯富集过程的地质构造控制[J].煤矿安全,2008,39(2):73-77.

[125] 朱炎铭,赵洪,闫庆磊,等.贵州五轮山井田构造演化与煤层气成藏[J].中国煤炭地质,2008,20(10):38-41.

[126] 张德民,林大杨.我国煤盆地区域构造特征与煤层气开发潜力[J].中国煤田地质,1998,10(9):37-40.

[127] 崔崇海,蔡一民.控制平顶山矿区煤层气赋存的构造与热演化史[J].河北建筑科技学院学报(自然科学版),2000,17(2):67-70.

[128] 洪峰,宋岩,赵孟军,等.沁水盆地盖层对煤层气富集的影响[J].天然气工业,2005,25(12):34-36.

[129] 宋岩,赵孟军,柳少波,等.构造演化对煤层气富集程度的影响[J].科学通报,2005,50(增刊Ⅰ):1-5.

[130] 陈振宏,贾承造,宋岩,等.构造抬升对高、低煤阶煤层气藏储集层物性的影响[J].石油勘探与开发,2007,34(4):461-464.

[131] 安鸿涛,孙四清,王永成,等.大兴井田构造演化及瓦斯地质特征[J].煤矿安全,2009(5):91-93.

[132] 张国辉,韩军,宋卫华.地质构造形式对瓦斯赋存状态的影响分析[J].辽宁工程技术大学学报,2005,24(1):19-22.

[133] 史小卫,张玉贵,张子敏.毛郭孜煤矿煤与瓦斯突出的构造控制分析[J].煤炭科学技术,2007,35(2):55-61.

[134] 窦新钊,姜波,汪吉林,等.朱仙庄矿煤矿瓦斯赋存的构造控制机理[C]//傅雪海,秦勇,GEOFFG X WANG,等.煤层

气储层与开发工程研究进展.徐州:中国矿业大学出版社,
2009:801-806.

[135] 王一,张会青,刘培宏.阳泉矿区 3 号煤层瓦斯地质特征和
煤与瓦斯预测[C]//傅雪海,秦勇,GEOFFG X WANG,
等.煤层气储层与开发工程研究进展.徐州:中国矿业大学
出版社,2009:823-827.

[136] 唐巨鹏,潘一山,梁政国.断层构造对北票矿区煤层气地表
泄漏的影响[J].岩土力学,2007,28(4):694-698.

[137] 赵明鹏,王宇林,周瑞.阜新煤田王营煤层气田构造因素研
究[J].煤炭学报,1999,24(3):225-229.

[138] 姜波,秦勇,范炳恒,等.淮北地区煤储层物性及煤层气勘探
前景[J].中国矿业大学学报,2001,30(5):433-437.

[139] 芮绍发,陈富勇,宋三胜.煤矿中小型构造控制瓦斯涌出规
律[J].矿业安全与环保,2001,28(6):18-19.

[140] 方爱民,侯泉林,琚宜文,等.不同层次构造活动对煤层气成
藏的控制作用[J].中国煤田地质,2005,17(4):15-20.

[141] 孙粉锦,赵庆波,邓攀.影响中国无烟煤区煤层气勘探的主
要因素[J].石油勘探与开发,1998,25(1):32-34.

[142] 叶建平,秦勇,林大扬,等.中国煤层气资源[M].徐州:中国
矿业大学出版社,1998.

[143] 康继武.褶皱构造控制煤层瓦斯的基本类型[J].煤田地质
与勘探,1994,22(4):30-32.

[144] 毕华,彭格林,赵志忠.湘中涟源煤盆地煤层气形成气藏的
条件及其资源预测[J].地质地球化学,1997(4):71-76.

[145] 桑树勋,范炳恒,秦勇,等.煤层气的封存与富集条件[J].石
油与天然气地质,1999,20(2):104-107.

[146] 李广昌,成国清,傅雪海.晋城新区煤层瓦斯赋存特征及评
价[J].煤田地质与勘探,2001,29(6):18-20.

［147］王生全.论韩城矿区煤层气的构造控制［J］.煤田地质与勘探,2002,30(1):21-24.

［148］吴兵,郭德勇,张训涛.矿井瓦斯防治［M］.徐州:中国矿业大学出版社,2002.

［149］李贵忠,王红岩,吴立新,等.煤层气向斜控气论［J］.天然气工业,2005,25(1):26-28.

［150］何俊,颜爱华.煤田地质构造与瓦斯突出关系分形研究［J］.煤炭学报,2002,27(6):623-626.

［151］张国成,熊明富,郭卫星,等.淮南矿区井田小构造对煤与瓦斯突出的控制作用［J］.焦作工学院学报(自然科学版),2003,22(5):329-333.

［152］李明,冀铭君,姜波,等.贵州莆河-山岔河矿构造煤类型及其空隙结构［C］//傅雪海,秦勇,GEOFFG X WANG,等.煤层气储层与开发工程研究进展.徐州:中国矿业大学出版社,2009:807-812.

［153］解奕炜,吕福祥,李文生.太原西山矿区煤层瓦斯赋存特征［C］//傅雪海,秦勇,GEOFFG X WANG,等.煤层气储层与开发工程研究进展.徐州:中国矿业大学出版社,2009:818-822.

［154］桂宝林,王朝栋.滇东-黔西地区煤层气构造特征［J］.云南地质,2000,19(4):321-351.

［155］WILFRIDO SOLANO-ACOSTA, MARIA MASTALERZ, ARNDT SCHIMMELMANN. Cleats and their relation to geologic lineaments and coalbed methane potential in pennsylvanian coals in Indiana［J］. International Journal of Coal Geology,2007,72:187-208.

［156］张玉贵,张子敏,曹运兴.构造煤结构与瓦斯突出［J］.煤炭学报,2007,32(3):281-284.

［157］黄战峰,孙平勇.平顶山矿区己组煤突出特征及影响因素分析[J].矿业快报,2008,24(9):20-22.

［158］姚宇平,周世宁.含瓦斯煤的力学性质[J].中国矿业学院学报,1988(1):16-18.

［159］孙培德,鲜学福,钱耀敏.煤体有效应力规律的试验研究[J].矿业安全与环保,1999(2):16-18.

［160］任伟杰,袁旭东,潘一山.功率超声对煤岩力学性质影响的试验研究[J].辽宁工程技术大学学报(自然科学版),2001,20(6):773-775.

［161］闫立宏,吴基文,刘小红.水对煤的力学性质影响试验研究[J].建井技术,2002,23(3):30-32.

［162］张红日,王传云.突出煤的微观特征[J].煤田地质与勘探,2000,28(4):31-33.

［163］琚宜文,姜波,侯泉林,等.构造煤结构-成因新分类及其地质意义[J].煤炭学报,2004,29(5):513-517.

［164］姜波,秦勇,琚宜文,等.构造煤化学结构演化与瓦斯特性耦合机理[J].地学前缘,2009,16(2):262-271.

［165］徐志斌,云武,王继尧,等.晋南地穹列煤层气赋存区构造应力分析[J].大地构造与成矿学,1997,21(3):233-241.

［166］姜波,秦勇,琚宜文,等.煤层气成藏的构造应力场研究[J].中国矿业大学学报,2005,34(5):564-569.

［167］员争荣.构造应力场对煤储层渗透性的控制机制研究[J].煤田地质与勘探,2004,32(4):23-25.

［168］唐巨鹏,潘一山,李成全,等.三维应力作用下煤层气吸附解吸特性试验[J].天然气工业,2007,27(7):35-38.

［169］刘咸卫,曹运兴,刘瑞旬.正断层两盘的瓦斯突出分布特征及其地质成因浅析[J].煤炭学报,2000(6):25-26.

［170］韩军,张宏伟,朱志敏,等.阜新盆地构造应力场演化对煤与

瓦斯突出的控制[J].煤炭学报,2007,32(9):934-938.

[171] 于不凡.地应力对煤和瓦斯突出的控制作用[C]//第三届全国地应力会议专辑.北京:地震出版社,1994.

[172] 郭德勇,韩德馨,王新义.煤与瓦斯突出的构造物理环境及其应用[J].北京科技大学学报,2002,24(6):581-584.

[173] 王志荣,郎东升,刘士军,等.豫西芦店滑动构造区瓦斯地质灾害的构造控制作用[J].煤炭学报,2006,31(5):553-557.

[174] 朱兴珊,徐凤银.论构造应力场及其演化对煤和瓦斯突出的主控作用[J].煤炭学报,1994,19(3):304-314.

[175] 曹运江,黄润秋,冯涛,等.湖南利民矿井煤与瓦斯突出的构造差异性研究[J].成都理工大学学报(自然科学版),2005,32(2):182-187.

[176] 张宏伟,陈学华,王魁军.地层结构的应力分区与煤瓦斯突出预测分析[J].岩石力学与工程学报,2000,19(4):464-467.

[177] 刘志刚.阜新盆地地质力学分析[J].地质评论,1991,37(6):529-536.

[178] 孙叶,谭成轩,孙炜锋,等.煤瓦斯突出研究方法探索[J].地质力学学报,2007,13(1):7-14.

[179] 卢平,沈兆武,朱贵旺,等.含瓦斯煤的有效应力与力学变形破坏特性[J].中国科学技术大学学报,2001,31(6):686-692.

[180] 何学秋,薛二龙,聂百胜,等.含瓦斯煤岩流变特性研究[J].辽宁工程技术大学学报,2007,26(2):201-203.

[181] 李祥春,郭勇义,吴世跃,等.煤体有效应力与膨胀应力之间关系的分析[J].辽宁工程技术大学学报,2007,26(4):535-537.

[182] 王岩森,马立强,顾永功.矿压显现对工作面瓦斯涌出规律

影响分析[J].煤矿安全,2004,35(11):1-4.

[183] 易俊,姜永东,鲜学福.应力场、温度场瓦斯渗流特性试验研究[J].中国矿业,2007,16(5):113-116.

[184] 刘明举,龙威成,刘彦伟.构造煤对突出的控制作用及其临界值的探讨[J].煤矿安全,2006,37(10):45-50.

[185] 琚宜文,王桂梁.煤层流变及其与煤矿瓦斯突出的关系——以淮北海孜煤矿为例[J].地质评论,2002,48(1):96-104.

[186] WANG J L,FU X H,WANG J Y, et al. Study on enrichment area of coal bed methane in the middle part of Hedong coal mine field[C]//Advances on CBM Reservoir and Developing Engineering. Xuzhou:China University of Mining & Technology Press,2009:180-186.

[187] WANG J Y, FU X H, WANG J L,et al. Study on tectonic field in the middle part of Hedong coal mine field[C]// Advances on CBM Reservoir and Developing Engineering. Xuzhou:China University of Mining & Technology Press, 2009:187-194.

[188] 张宏伟. 地质动力区划方法在煤与瓦斯突出区域预测中的应用[J].岩石力学与工程学报,2003,22(4):621-624.

[189] 张子敏,张玉贵.大平煤矿特大型煤与瓦斯突出瓦斯地质分析[J].煤炭学报,2005,30(2):137-140.

[190] 曹思华,何少立.潘三矿8煤层煤与瓦斯突出原因及防治[J].煤矿安全,2007,38(3):52-54.

[191] TRIWIBOWO D. Potential hazard of coalbed methane accumulation in quarterly sandstone aquifer in Barito District, Indonesia[C]//Advances on CBM Reservoir and Developing Engineering. Xuzhou:China University of Mining & Technology Press,2009:793-800.

[192] 李仁东.黔西青龙矿矿井构造及其对瓦斯的控制[D].徐州：中国矿业大学,2007.

[193] 汪吉林,姜波,陈飞.构造煤与应力场耦合作用对瓦斯突出的控制作用[J].煤矿安全,2009,40(11):94-97.

[194] 曹代勇,景玉龙,邱广忠,等.中国的含煤岩系变形分区[J].煤炭学报,1998,23(5):449-454.

[195] 曹代勇,张守仁,穆宣社,等.中国含煤岩系构造变形控制因素探讨[J].中国矿业大学学报,1999,28(1):25-28.

[196] 王桂梁,邵震杰,彭向峰,等.中国东部中新生代含煤盆地的构造反转[J].煤炭学报,1997,22(6):561-565.

[197] 琚宜文,谭永杰,侯泉林,等.华北盆-山动力演化及其对深部煤炭和煤层气的聚集作用[C]//深部煤炭资源及开发地质条件研究现状与发展趋势.北京:煤炭工业出版社,2008:49-57.

[198] 姜波,王桂梁,刘洪章,等.河北兴隆复式叠瓦扇构造[J].地质科学,1997,32(2):165-172.

[199] 李振生.河北省煤系地层赋存特征及找煤方向[J].中国煤田地质,2006,18(4):11-12.

[200] 李振生.河北省石炭-二叠纪煤田控煤构造特征[J].中国煤炭地质,2009,21(12):42-45.

[201] 张路锁,占文峰,曹代勇,等.太行山东麓含煤区构造特征与深部找煤方向[J].中国煤炭地质,2008,20(10):22-24.

[202] 姜波,张军,赵本肖,等.冀东南隐伏区煤层赋存的构造控制作用[J].中国煤炭地质,2008,20(10):14-17.

[203] 陈晓山.河北平原区构造演化及对煤层的控制作用[D].徐州:中国矿业大学,2008.

[204] 杜振川.河北南部煤层构造变薄带特征及成因[J].辽宁工程技术大学学报(自然科学版),2001,20(6):748-750.

［205］曹代勇，占文峰，张军，等.邯峰矿区古构造应力场与构造演化［J］.中国煤田地质，2005，17（5）：1-3.

［206］曹代勇，占文锋，张军，等.邯郸-峰峰矿区新构造特征及其煤炭资源开发意义［J］.煤炭学报，2007，32（2）：141-145.

［207］刘福胜，徐培武，郑荣，等.邯邢煤田岩浆侵入及对煤层煤质的影响［J］.中国煤田地质，2007，19（5）：22-24.

［208］李如刚，董广智，李文彬，等.峰峰矿区煤质分布规律及变质因素分析［J］.河北煤炭，2010（2）：16-17.

［209］韩桂平.燕山南麓石炭-二叠纪煤田构造特征［J］.河北煤炭，2005（1）：3-4.

［210］陈洁，朱炎铭，李伍，等.燕山南麓逆冲推覆构造对瓦斯赋存的影响［J］.矿业安全与环保，2011，38（4）：11-14.

［211］闫庆磊，朱炎铭，袁伟，等.开平煤田构造发育规律对煤层赋存的影响［J］.中国煤炭地质，2009，21（12）：38-45.

［212］张路锁，张长厚，张勇，等.河北东北部兴隆煤田区逆冲构造的特征及其区域构造意义［J］.地质通报，2006，25（7）：850-857.

［213］陈尚斌，朱炎铭，袁伟，等.开滦唐山矿逆冲推覆构造及其控煤作用［J］.煤田地质与勘探，2011，39（2）：7-12.

［214］河北省地质矿产局.河北省北京市天津市区域地质志［M］.北京：地质出版社，1989.

［215］王瑜.晚古生代末-中生代内蒙古-燕山地区造山过程中的岩浆热事件与构造演化［J］.现代地质，1996，10（1）：66-75.

［216］徐杰，高战武，宋长青，等.太行山山前断裂带的构造特征［J］.地震地质，2000，22（2）：111-112.

［217］河北省煤田地质局.河北煤田地质与勘探技术［M］.北京：煤炭工业出版社，2007.

［218］王桂梁，琚宜文，郑孟林，等.中国北部能源盆地构造［M］.

徐州:中国矿业大学出版社,2007:128-149.

[219] 任纪舜,牛宝贵,刘志刚.软碰撞、叠覆造山和多旋回缝合作用[J].地学前缘,1999,6(3):81-89.

[220] 魏斯禹,滕吉文,王谦身,等.中国东部大陆边缘地带的岩石圈结构与动力学[M].北京:科学出版社,1992.

[221] 江娃利,聂宗笙.太行山山前断裂带活动特征及地震危险性讨论[J].华北地震科学,1984,2(3):21-27.

[222] 李祖武.中国东部北西向构造[M].北京:地震出版社,1992.

[223] 张路锁.河北省煤田构造格局与构造控煤作用研究[D].北京:中国矿业大学(北京),2010.

[224] 徐杰,高战武,孙建宝,等.区域伸展体制下盆-山构造耦合关系的探讨——以渤海湾盆地和太行山为例[J].地质学报,2001,75(2):165-174.

[225] 杨起,潘治贵,翁成敏,等.华北石炭二叠纪煤变质特征与地质因素探讨[M].北京:地质出版社,1998.

[226] 万天丰.中国东部中、新生代板内变形构造应力场及其应用[M].北京:地质出版社,1993.

[227] 黄汲清,任纪舜,姜春发,等.中国大地构造及其演化[M].北京:科学出版社,1980.

[228] 任纪舜,陈廷愚,牛宝贵,等.中国东部及邻区大陆岩石圈的构造演化与成矿[M].北京:科学出版社,1990.

[229] 翟明国,孟庆任,刘建明,等.华北东部中生代构造体制转折峰期的主要地质效应和形成动力学探讨[J].地学前缘,2004,11(3):285-294.

[230] HILDE T W C,UYEDA S,KROENKE L. Evolution of the western pacific and its margin[J]. Tectonophysics, 1977,38(1-2):145-152.

［231］樊克锋,杨东潮.论太行山地貌系统[J].长春工程学院学报
（自然科学版）,2006,7(1):51-53,62.

［232］李三忠,周立宏,刘建忠,等.华北板块东部新生代断裂构造
特征与盆地成因[J].海洋地质与第四纪地质,2004,24(3):
57-66.

［233］孙冬胜.冀中拗陷中区中新生代复合伸展构造[D].西安:西
北大学,2001.

［234］王伟锋,陆诗阔,孙月平,等.辽西地区构造演化与盆地成因
类型研究[J].地质力学学报,1997,3(3):85-93.

［235］王尚志,李富晨,赵顺望.河北省瓦斯地质规律浅析[J].河
北煤炭,1985,4:24-27.

［236］敬复兴.峰峰矿区 2 号煤层瓦斯赋存规律及主控因素研究
[D].焦作:河南理工大学,2010.

［237］朱加锋.邯郸矿区 2♯煤层瓦斯地质研究[D].焦作:河南理
工大学,2011.

［238］刘少峰,李忠,张金芳.燕山地区中生代盆地演化及构造体
制[J].中国科学 D 辑 地球科学,2004,34(增刊Ⅰ):19-31.

［239］张军,秦勇,赵本肖.河北省煤层气资源及其开发潜力[M].
徐州:中国矿业大学出版社,2009:12-14.

［240］崔盛芹,等.燕山地区中新生代陆内造山作用[M].北京:地
质出版社,2002:208-224.

［241］张豫生.基于地质构造的煤与瓦斯突出预测研究[D].阜新:
辽宁工程技术大学,2006.

［242］李春昱,郭令智,朱夏.板块构造基本问题[M].北京:地震
出版社,1986.